JN085500

表現・特徴で見つける

フォント
BOOK

モリサワ総合書体見本帳
2022−2023

マイナビ

INTRODUCTION

書体のデザインは見た目の違いで分類することが一般的です。
明朝体かゴシック体か、装飾があるかないか、時には歴史的
な系譜を軸にすることもあります。

この見本帳ではそうした客観的な要素に、「つくりたい表現」や
「フォントの特徴」といった視点を加え、従来の枠組みを超えた
分類を試みています。
これにより、制作物にマッチした書体を、1,500を超えるモリサ
ワの書体ライブラリから直感的に選択することができます。

本書をきっかけに、新たな書体との出会いがあり、新たな創作
につながることとなれば幸いです。

CONTENTS

本書の使い方

本書の書体見本は、「つくりたい表現で探す」「特徴で探す」「全書体見本」の3カテゴリで構成されています。「表現で探す」「特徴で探す」は、従来の書体分類に捉われない、使い手目線でのカテゴライズです。「全書体見本」では、Morisawa Fonts※でご利用いただける全書体をブランド・書体分類別に一覧にしています。書体ごとの「ページナビ」で他のカテゴリでの掲載ページを確認することもできます。

つくりたい表現で探す　表現したい作風やイメージにマッチするキーワードから書体を絞り込めます。

書体基本情報とタグ
フォントメニュー名、ブランド、文字セットといった基本情報に加えて書体のジャンルや推奨使用サイズをタグで確認できます。

キーワードにマッチした使用例見本
全書体共通の見本と、書体ごとに異なる見本を掲載。使用イメージをさまざまな切り口で確認できます。

キーワード
つくりたい制作物のイメージから感覚的に書体を選択可能。

大級数見本
書体のプロポーションやエレメントを比較することができます。

ウエイト・ファミリー見本
ウエイトの他、欧文書体などのイタリック、装飾や横組・縦組用といったファミリー展開を確認できます。

グリフ見本
形の特徴が出やすいグリフを掲載。かな・英数字のデザインや字面サイズの違いを比較できます。

簡易見本
一部書体は「表現で探す」カテゴリ内でキーワード別の2か所に掲載されています。一方の見本は簡易見本で掲載しています。

既存の書体分類をより細分化し、形や仕様、用途といった特徴が類似する書体を比較できるカテゴリです。

ジャンル

似ている書体を比較することが可能。

ジャンル解説

書体を比較する際のポイントや使用場面についての解説。

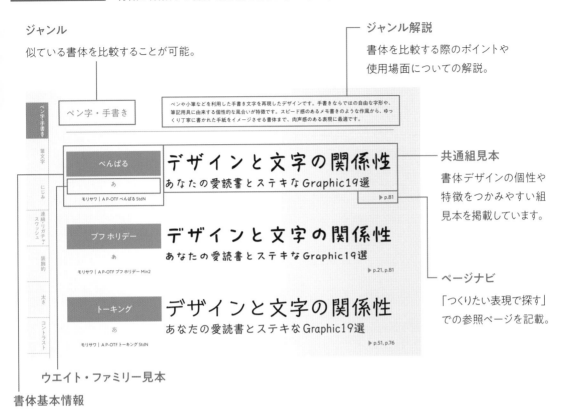

共通組見本

書体デザインの個性や特徴をつかみやすい組見本を掲載しています。

ページナビ

「つくりたい表現で探す」での参照ページを記載。

ウエイト・ファミリー見本

書体基本情報

全書体見本

1500書体を超える Morisawa Fonts のライブラリを、ブランド・書体分類に基づいて網羅的に一覧することができるカテゴリです。

ブランド・書体分類

5ブランドと多言語ブランドからなるグループに分類。Morisawa Fonts 公式サイトの書体見本とも対応しています。

書体名/ファミリー展開

グリフ見本

ウエイト・ファミリー見本

ページナビ

<掲載ブランド>

モリサワ
タイプバンク
字游工房
ヒラギノ
昭和書体
その他多言語

※ Morisawa Fonts とは、株式会社モリサワが提供するクラウド型フォントサブスクリプションサービスです。
※「ヒラギノ」「こぶりな」は、株式会社 SCREEN ホールディングスの登録商標です。「秀英」は、大日本印刷株式会社の登録商標です。「文久体」は凸版印刷株式会社の登録商標です。その他記載の会社名は、各社の登録商標または商標です。
※本書では次のとおり略称を用いています。Arphic Types は Arphic Technology Co., Ltd.、SANDOLL は Sandoll Inc.、Rosetta は Rosetta Type Foundry s. r. o. をそれぞれ示しています。

ブックデザイン×モリサワフォント

F*ONT

ブックデザイナーが6つのジャンルの装丁をモリサワフォントで制作

夏目漱石		01 文芸作品として	02 ホラー＆サスペンスとして	03 海外文学として
『吾輩は猫である』を		04 児童図書として	05 ノンフィクションとして	06 エッセイとして

DESIGNER マツダオフィス 松田行正（まつだ・ゆきまさ）

1948年生まれ。ブック・デザイナー。本のデザインと併行して、本のオブジェ性を探求するミニ出版社「牛若丸」を主宰し出版活動も行なう。その他、せんだいメディアテーク、大社文化プレイス、みなとみらい21の元町・中華街駅プラットフォーム、まつもと市民芸術館、富弘美術館、フランスのコニャック・ジェイ病院などの建築のサインも手がける。デザイン・ワークの傍ら文字や記号を含めた、「もののはじまり」に着想を得た執筆活動も行なう。

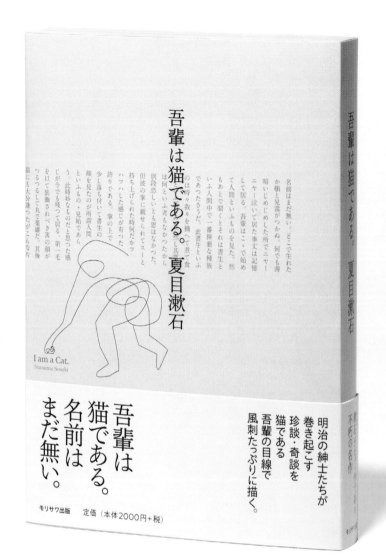

吾輩は猫である。夏目漱石

I am a Cat.
Natsume Soseki

吾輩は猫である。
名前はまだ無い。

吾輩は猫である。
名前はまだ無い。

明治の紳士たちが
巻き起こす
珍談・奇談を
猫である
吾輩の目線で
風刺たっぷりに描く。

モリサワ出版　定価（本体2000円＋税）

夏目漱石『吾輩は猫である』を

落ちついた文芸作品 として

飾りのリード文はノイズ効果を期待。主張しすぎないけれども、ある程度アイキャッチとなり小さくてもしっかり読める「A1明朝」を使い、「金色（赤金）」でタイトル・著者名に重ねるようにレイアウト。タイトルとリードに絡む、欧文タイトルを拾おうとしているような線画は、女神インキのスーパーブラックなど濃い文字色を想定。用紙「ブンペル」の味わい深いベージュに太からず、細すぎない「文游明朝体」が読みやすく、文芸作品の香りを放っています。細い線画にも合う太さが嬉しい。特色2色使用。カバー用紙は、手触りが優しく文芸作品にはぴったりの「ブンペル・ナチュラル」。帯は「ブンペル・ホワイト」。

使用フォント

タイトル・著者名：文游明朝体 StdN R
リード文：A1明朝
欧文タイトル：Role Serif Display Pro Regular
欧文著者名：Role Serif Display Pro Light
帯メイン：文游明朝体 StdN R
帯サブ：あおとゴシック R
社名：A1ゴシック R
定価：A1ゴシック L

夏目漱石『吾輩は猫である』を

ホラー＆サスペンスとして

タイトルには、繊細で情緒的な文字「しまなみ」をできるだけ大きく入れ、文字を強調したデザイン。句点の「。」はあえて欠けるようにレイアウト。大きいタイトルの下には影を入れていますが、InDesignの「ドロップシャドウ」では物足りず、タイトルをPhotoshopでぼかし、文字の背後に置いて、薄い濃度で乗算しています。これで、文字に奥行きがでました。地に敷いている写真は赤サビが浮いた鉄板ですが、文字の奥行きが深まったことで、なにやら宇宙的な気配が醸しだされ、サスペンスフルになったように感じます。プロセス4色使用。帯は、カバーと共紙で、カバーの延長デザイン。

使用フォント

タイトル：しまなみ
著者名：あおとゴシック DB
リード文：秀英にじみ四号かな
欧文タイトル：Pietro Display Pro Thin Italic
欧文著者名：Pietro Display Pro Light
帯メイン：秀英にじみ角ゴシック銀 B
帯サブ：中ゴシック BBB
社名：A1 ゴシック R
定価：A1 ゴシック L

夏目漱石『吾輩は猫である』を
問題作の海外文学 として

「ロンドンの街角の壁に乱雑に貼られていた二次元コード群から事件・ドラマ、サスペンスがはじまる」を想定してデザインしました。いわば、霧深いロンドンに暗躍した切り裂きジャックのイメージです。このインパクトの強い壁紙に負けないように、欧文タイトルは、可能な限り大きくレイアウト。セリフ体のなかでも、スラブセリフと呼ばれる縦横のコントラストが小さくサンセリフ書体の香りを持つ「Role Slab Banner Pro」を使っています。英文のリード文も入り、洋書と和書の間を楽しむデザインになったと思います。プロセス4色使用。

使用フォント

タイトル：秀英にじみ四号かな
著者名：A1 ゴシック M
欧文タイトル：Role Slab Banner Pro Black
欧文著者名：Pistilli Pro
欧文リード文：Role Slab Banner Pro Regular
社名：A1 ゴシック R

夏目漱石『吾輩は猫である』を

可愛い＆ゆるい児童図書として

全体に「レトロかわいい」世界をめざしてデザインしてみました。まず、手書き文字感満載の「ぽってり」をタイトル書体とすることで、全体のかわいさのトーンはある程度担保されます。そこに猫のヒゲ、ボディライン、カリグラフィックなライン、蛇行するリード文などの要素を加えて、じゃれあっている猫という「かわいい」イメージを増幅させるとともに、よりいっそう「レトロ感」が感じられるように図りました。背景に広がる中間調の色彩の縦ストライプ模様や、欧文タイトルのオープンフェイスも「レトロ感」を強調していると思います。プロセス4色使用。

使用フォント

タイトル：ぽってりL
著者名：ココン
リード文：ぽってりR
欧文タイトル：Zingha Pro Bold Deco Italic
欧文著者名：Abelha Pro DemiBold
社名：A1ゴシックR

05 夏目漱石『吾輩は猫である』を
ノンフィクションとして

淡い色使いも含めてフランスの叢書の一冊のようなイメージをめざしました。多めに入れたリード文は、知的な雰囲気を高めてくれます。そして、そのリード文の読み順を「S」に見える明るいオレンジ色の線でなんとなく示しています。欧文タイトルは欧文リード文（『吾輩は猫である』の英訳）と同書体ながら、タイトルのみアウトライン文字にすることで、少しクラシックな雰囲気がでます。加えてタイトルの書体「くれたけ銘石」も、碑文などに刻まれたような歴史感のあるフォントですので、全体のノンフィクションの気配は高まることでしょう。特色3色使用。帯は地色を敷くなど特色2色使用、カバーとの違いを強調しています。

使用フォント

タイトル・著者名：くれたけ銘石
リード文：あおとゴシック EL
欧文タイトル・リード文：Zingha Pro Regular
欧文著者名・文：Star Times Display Pro Italic
帯メインの漢字：くれたけ銘石
帯メインのかな：秀英にじみ明朝 L
帯サブ：ヒラギノ丸ゴ W6
社名：A1 ゴシック R
定価：A1 ゴシック L

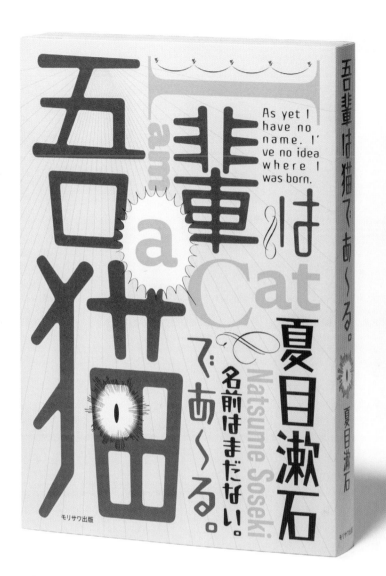

夏目漱石『吾輩は猫である』を

ポップなエッセイ として

タイトルの書体は、角が丸く直線的なエレメントで構成された柔らかでポップな書体「ラピスメルト」。この書体で全体を埋めて、にぎやかな雰囲気にしてくれという書体の声が聞こえてきたような気がしたので、カバー表1全体を和文タイトルと欧文タイトル、著者名などの文字要素で埋め尽くしてみました。そして、そこに丸い要素が加わると、その直線性がより引き立つと思い、大きいタイトル「猫」のところと、欧文タイトルの「a」のところに吹きだしを入れました。「猫」の吹きだしのイメージは、いわずもがなですが、猫の目。最後に、奥行きが感じられるように、背景に空色の放射線を敷きました。特色4色使用。

使用フォント

タイトル：ラピスメルト L/M
著者名：ラピスエッジ M
リード文：ラピスメルト B
欧文タイトル I：Pietro Display Pro Thin
欧文タイトル C：Pietro Display Pro Bold
欧文タイトル am：Role Soft Banner Pro Black
欧文タイトル a：Lima PE Bold
欧文タイトル at：Role Sans Text Pro Bold
欧文著者名：VibeMO Pro Medium
欧文リード文：ラピスメルト L
社名：A1 ゴシック R

つくりたい
表現で探す

使いたい書体を「11の表現」から探せるよう
カテゴライズ。 デザインにマッチするフォントを
感覚的に探すことができます。

※本項では「Morisawa Fonts」で提供される書体のうち代表的なものを掲載しています。
※カテゴリー名は本書独自のものです。 既存の分類とは対応しない場合があります。

かわいい
ラブリー

すずむし

日本語フォントメニュー名：A P-OTF すずむし StdN　　文字セット：A-J1-3(StdN)
英語フォントメニュー名：A P-OTF Suzumushi StdN

#デザイン書体　#モリサワ　#小見出し　#大見出し

永あ
ぁ

あおぎす
なのぱも
アオサダ
ポミルン
AGag39

まんまるボディのもっちり猫ちゃん

デザインと文字の関係

Happy Sweets Collection

吾輩は猫である。名前はまだ無い。どこで生
れたかとんと見当がつかぬ。何でも薄暗いじ
めじめした所でニャーニャー泣いていた事だ
けは記憶している。吾輩はここで始めて人間

わんにゃん探訪

絶対に崩れないリップ

恋の三銃士

ココン

日本語フォントメニュー名：A P-OTF ココン Min2　　文字セット：Min2
英語フォントメニュー名：A P-OTF Kokon Min2

#デザイン書体　#モリサワ　#短文　#小見出し　#大見出し

永あ
ぁ

あおぎす
なのぱも
アオサダ
ポミルン
AGag39

初めてさんでも作れる乙女のピアス

デザインと文字の関係

Happy Sweets Collection

吾輩は猫である。名前はまだ無い。どこで生
れたかとんと見当がつかぬ。何でも薄暗いじ
めじめした所でニャーニャー泣いていた事だ
けは記憶している。吾輩はここで始めて人間

わんにゃん探訪

喫茶ブルーキャッスル

メルヘン感

かわいい
ラブリー

楽しい

レトロ

物語性

和風

パワフル

やさしい

洗練

風格

信頼感

読ませる

プフ マーチ

日本語フォントメニュー名：A P-OTF プフ マーチ Min2　文字セット：Min2
英語フォントメニュー名：A P-OTF Puhu March Min2

#デザイン書体　#モリサワ　#短文　#小見出し　#大見出し

永く あ
あ

あおぎす
なのぱも
アオサダ
ポミルン
AGag39

さくら色のチークを頬にまるくオン

デザインと文字の関係

Happy Sweets Collection

吾輩は猫である。名前はまだ無い。どこで生
れたかとんと見当がつかぬ。何でも薄暗いじ
めじめした所でニャーニャー泣いていた事だ
けは記憶している。吾輩はここで始めて人間

わんにゃん探訪

一度は訪れたい甘味処

ゆるふわ魂

はるひ学園
はるひがくえん

日本語フォントメニュー名：A-OTF はるひ学園 Std　文字セット：A-J1-3(Std)
英語フォントメニュー名：A-OTF Haruhi Gakuen

#デザイン書体　#モリサワ　#小見出し　#大見出し

永く あ
あ

あおぎす
なのぱも
アオサダ
ポミルン
AGag39

三色だんごとタピオカミルクティー

デザインと文字の関係

Happy Sweets Collection

吾輩は猫である。名前はまだ無い。どこで生
れたかとんと見当がつかぬ。何でも薄暗いじ
めじめした所でニャーニャー泣いていた事だ
けは記憶している。吾輩はここで始めて人間

わんにゃん探訪

普段使いの本革バッグ

空から天使

かわいい
ポップ

プフ ピクニック

日本語フォントメニュー名：A P-OTF プフ ピクニック Min2　文字セット：Min2
英語フォントメニュー名：A P-OTF PuhuPicnic Min2

#デザイン書体　#モリサワ　#小見出し　#大見出し

永あ
ぁ

あおぎす
なのぱも
アオサダ
ポミルン
AGag39

次はひよこ組のみんなが発表します
デザインと文字の関係
Happy Sweets Collection

吾輩は猫である。名前はまだ無い。どこで生
れたかとんと見当がつかぬ。何でも薄暗いじ
めじめした所でニャーニャー泣いていた事だ
けは記憶している。吾輩はここで始めて人間

わんにゃん探訪

牧場ミルクの生プリン
いくら軍艦

ぽってり

日本語フォントメニュー名：A P-OTF ぽってり Min2　文字セット：Min2
英語フォントメニュー名：A P-OTF Potteri Min2

#デザイン書体　#モリサワ　#短文　#小見出し　#大見出し

永あ
あ あ あ あ
L R M B

あおぎす
なのぱも
アオサダ
ポミルン
AGag39

ずっと仲良しゆかいな仲間が大集合 L
デザインと文字の関係 R
Happy Sweets Collection M

吾輩は猫である。名前はまだ無い。どこで生
れたかとんと見当がつかぬ。何でも薄暗いじ
めじめした所でニャーニャー泣いていた事だ
けは記憶している。吾輩はここで始めて人間

わんにゃん探訪 B

やわらか〜い抱き心地
擬人キャラ
R L M

かわいい
ポップ

楽しい

レトロ

物語性

和風

パワフル

やさしい

洗練

風格

信頼感

読ませる

かわいい
フレンドリー

プフ ホリデー

日本語フォントメニュー名：A P-OTF プフ ホリデー Min2　文字セット：Min2
英語フォントメニュー名：A P-OTF PuhuHoliday Min2

#デザイン書体　#モリサワ　#短文　#小見出し　#大見出し

永あ
ぁ

あおぎす
なのぱも
アオサダ
ポミルン
AGag39

チャリティバザー総合案内所はココ
デザインと文字の関係
Happy Sweets Collection

吾輩は猫である。名前はまだ無い。どこで生れたかとんと見当がつかぬ。何でも薄暗いじめじめした所でニャーニャー泣いていた事だけは記憶している。吾輩はここで始めて人間

わんにゃん探訪

おうち着でリラックス

お菓子教室

プフ ポッケ

日本語フォントメニュー名：A P-OTF プフ ポッケ Min2　文字セット：Min2
英語フォントメニュー名：A P-OTF Puhu Pokke Min2

#デザイン書体　#モリサワ　#短文　#小見出し　#大見出し

永あ
ぁ

あおぎす
なのぱも
アオサダ
ポミルン
AGag39

カカオ70％使用のビターなあじわい
デザインと文字の関係
Happy Sweets Collection

吾輩は猫である。名前はまだ無い。どこで生れたかとんと見当がつかぬ。何でも薄暗いじめじめした所でニャーニャー泣いていた事だけは記憶している。吾輩はここで始めて人間

わんにゃん探訪

鳥類の生態を調べよう

下町ひろば

タカ風太
たかふうた

日本語フォントメニュー名：A P-OTF タカ風太 Min2　文字セット：Min2
英語フォントメニュー名：A P-OTF Takafuta Min2

#デザイン書体　#モリサワ　#小見出し　#大見出し

永あ
ぁ

あおぎす
なのぱも
アオサダ
ポミルン
AGag39

7種のフルーツはじけるキャンディ

デザインと文字の関係

Happy Sweets Collection

吾輩は猫である。名前はまだ無い。どこで生れたかとんと見当がつかぬ。何でも薄暗いじめじめした所でニャーニャー泣いていた事だけは記憶している。吾輩はここで始めて人間

甘さと酸味のりんご飴

国語の時間

わんにゃん探訪

はせミン

日本語フォントメニュー名：A P-OTF はせミン StdN　文字セット：A-J1-3(StdN)
英語フォントメニュー名：A P-OTF Hasemin StdN

#デザイン書体　#モリサワ　#短文　#小見出し　#大見出し

永あ
あ あ あ
R M B

あおぎす
なのぱも
アオサダ
ポミルン
AGag39

薄墨色ワンピースでシックな佇まい

デザインと文字の関係

Happy Sweets Collection

吾輩は猫である。名前はまだ無い。どこで生れたかとんと見当がつかぬ。何でも薄暗いじめじめした所でニャーニャー泣いていた事だけは記憶している。吾輩はここで始めて人間

青空と珊瑚のリゾート

あたま体操

わんにゃん探訪

かわいい
のびのび

楽しい

レトロ

物語性

和風

パワフル

やさしい

洗練

風格

信頼感

読ませる

かわいい
ほのぼの

かわいい
ほのぼの
楽しい
レトロ
物語性
和風
パワフル
やさしい
洗練
風格
信頼感
読ませる

キャピーN
きゃぴーえぬ

日本語フォントメニュー名：A-OTF キャピー N Std　文字セット：-（かな書体）
英語フォントメニュー名：A-OTF CapieN Std

#かな丸ゴシック体　#モリサワ　#短文　#小見出し　#大見出し

※漢字は新丸ゴ

永あ
あ（L）あ（R）あ（M）あ（DB）
あ（B）あ（H）あ（U）

あおぎす
なのぱも
アオサダ
ポミルン
AGag39

本音トーク＆オフショットもあるよ （R）

デザインと文字の関係 （DB）

Happy Sweets Collection （M）

吾輩は猫である。名前はまだ無い。どこで生れたかとんと見当がつかぬ。何でも薄暗いじめじめした所でニャーニャー泣いていた事だけは記憶している。吾輩はここで始めて人間

わんにゃん探訪

クマちゃんとあそぼう （R）
いちご狩り （U）
わんにゃん探訪 （H）

カモレモン＋
かもれもんぷらす

日本語フォントメニュー名：A P-OTF カモレモン+ ProN　文字セット：A-J1-4(ProN)
英語フォントメニュー名：A P-OTF KamoLemon+ ProN

#丸ゴシック体　#モリサワ　#短文　#小見出し　#大見出し

永あ
あ（L）あ（R）あ（M）あ（DB）
あ（B）あ（H）あ（U）

あおぎす
なのぱも
アオサダ
ポミルン
AGag39

ドロン森の動物と3人の木こりたち （L）

デザインと文字の関係 （DB）

Happy Sweets Collection （R）

吾輩は猫である。名前はまだ無い。どこで生れたかとんと見当がつかぬ。何でも薄暗いじめじめした所でニャーニャー泣いていた事だけは記憶している。吾輩はここで始めて人間

わんにゃん探訪 （H）

ホットのブレンド珈琲 （R）
窓辺にネコ （B）
わんにゃん探訪

かわいい
ほのぼの

楽しい

レトロ

物語性

和風

パワフル

やさしい

洗練

風格

信頼感

読ませる

ぽっくる	日本語フォントメニュー名：Ro ぽっくる Std　文字セット：A-J1-3(Std) 英語フォントメニュー名：Ro Pokkru Std

#デザイン書体　#タイプバンク　#小見出し　#大見出し

永あ
ぁ

あおぎす
なのぱも
アオサダ
ポミルン
AGag39

子供たちと楽しく遊べる折り紙辞典
デザインと文字の関係
Happy Sweets Collection

吾輩は猫である。名前はまだ無い。どこで生れたかとんと見当がつかぬ。何でも薄暗いじめじめした所でニャーニャー泣いていた事だけは記憶している。吾輩はここで始めて人間

わんにゃん探訪

ふわもこ羊毛マフラー
おやすみ枕

丸フォーク まるふぉーく	日本語フォントメニュー名：A P-OTF 丸フォーク ProN　文字セット：A-J1-4(ProN) 英語フォントメニュー名：A P-OTF Maru Folk ProN

#デザイン書体　#モリサワ　#短文　#小見出し　#大見出し

永あ
あ あ あ あ
R M B H

あおぎす
なのぱも
アオサダ
ポミルン
AGag39

心あたたまる大事な思い出アルバム
デザインと文字の関係
Happy Sweets Collection

吾輩は猫である。名前はまだ無い。どこで生れたかとんと見当がつかぬ。何でも薄暗いじめじめした所でニャーニャー泣いていた事だけは記憶している。吾輩はここで始めて人間

わんにゃん探訪

うさぎのロップイヤー
陽だまり園

牧場ミルク

賞味期限

牧場ミルク

牧場
ミルク

種類別 牛乳

要冷蔵（10℃以下）1000ml

ブフ ピクニック

いちご
ミルク

200
ml

(株) 森澤乳業

ココン

カルシウム
チーズ
Cheese

ブフ ホリデー

おいしい！
ヨーグルト

せいにゅう100%

キャビー

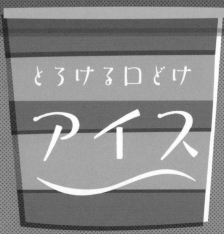

とろける口どけ
アイス

はぜミン

かわいい

楽しい
元気

レトロ

物語性

和風

パワフル

やさしい

洗練

風格

信頼感

読ませる

楽しい
元気

| ハッピーＮ＋ | 日本語フォントメニュー名：A P-OTF ハッピー N+ ProN　文字セット：A-J1-4(ProN) |
| はっぴーえぬぷらす | 英語フォントメニュー名：A P-OTF HappyN+ ProN |

#ゴシック体　#モリサワ　#短文　#小見出し　#大見出し

永あ
あ（L）あ（R）あ（M）あ（DB）
あ（B）あ（H）あ（U）

あおぎす
なのぱも
アオサダ
ポミルン
AGag3

桜の開花宣言はいつになるのか予想

デザインと文字の関係

3/19 RENEWAL OPEN!!

吾輩は猫である。名前はまだ無い。どこで生れたかとんと見当がつかぬ。何でも薄暗いじめじめした所でニャーニャー泣いていた事だけは記憶している。吾輩はここで始めて人間

初めての海（DB）

想像力育む泥んこ遊び（L）

夢が叶う遊園地（H）

R / U / B

| タカハンド | 日本語フォントメニュー名：A P-OTF タカハンド StdN　文字セット：A-J1-3(StdN) |
| | 英語フォントメニュー名：A P-OTF TakaHand StdN |

#デザイン書体　#モリサワ　#短文　#小見出し　#大見出し

永あ
あ（L）あ（M）あ（DB）あ（B）
あ（H）

あおぎす
なのぱも
アオサダ
ポミルン
AGag39

チームメイトに発破をかけ試合開始

デザインと文字の関係

3/19 RENEWAL OPEN!!

吾輩は猫である。名前はまだ無い。どこで生れたかとんと見当がつかぬ。何でも薄暗いじめじめした所でニャーニャー泣いていた事だけは記憶している。吾輩はここで始めて人間

おまけ付き（DB）

神輿を担いでねり歩き（M）

夢が叶う遊園地（H）

L / B / M

かわいい

楽しい
元気

レトロ

物語性

和風

パワフル

やさしい

洗練

風格

信頼感

読ませる

はせトッポ

日本語フォントメニュー名：A-OTF はせトッポ Std　文字セット：-（かな書体）
英語フォントメニュー名：A-OTF HaseToppo Std

#かなゴシック体　#モリサワ　#小見出し　#大見出し

※漢字は新ゴ

永あ

あ あ あ あ
L R M DB

あ あ あ
B H U

あおぎす
なのぱそ
アオサタ
ポミルン
AGag3

どんちゃん騒ぎは真夜中まで続いた
L

デザインと文字の関係
DB

3/19 RENEWAL OPEN!!
M

吾輩は猫である。名前はまだ無い。どこで生
れたかとんと見当がつかぬ。何でも薄暗いじ
めじめした所でニャーニャー泣いていた事だ
けは記憶している。吾輩はここで始めて人間
R

夢が叶う遊園地
H

賑やかな仮装パレード

旅のしおり
U B

Tapir Pro
たぴあーぷろ

日本語フォントメニュー名：Tapir Pro　文字セット：Pro（ラテン）
英語フォントメニュー名：Tapir Pro

#Sans Serif　#モリサワ　#短文　#小見出し　#大見出し

Aa3

Enjoy every moment
Bold

a a a
ExtraLight Light Regular

a a a
Medium Bold Heavy

a a a
ExtraLight Light Italic
Italic Italic

a a a
Medium Bold Italic Heavy
Italic Italic

As young readers like to know "HOW PEOPLE LOOK," we will take
this moment to give them a little sketch of the four sisters, who sat
knitting away in the twilight, *while the December snow fell quietly
without, and the fire crackled cheerfully within.*
Regular & Italic

Come out and play with me!
Bold Italic

Hamburgefonstiv 1726
ExtraLihgt

Puzzles & Riddles
Lihgt & Heavy

かわいい

楽しい
はずむ

レトロ

物語性

和風

パワフル

やさしい

洗練

風格

信頼感

読ませる

楽しい
はずむ

プリティー桃
ぷりてぃーもも

日本語フォントメニュー名：A P-OTF プリティー桃 StdN　　文字セット：A-J1-3(StdN)
英語フォントメニュー名：A P-OTF Pretty Momo StdN

#デザイン書体 #モリサワ #大見出し

体を動かしながら学べるキッズ英語

デザインと文字の関係

RENEWAL OPEN

天真爛漫

影ふみ遊び

真っ白うさぎがピョン

あおぎす
なのぱも
アオサダ
ポミルン
AGag3

夢が叶う遊園地

ららぽっぷ

日本語フォントメニュー名：A-OTF ららぽっぷ Std　　文字セット：-（かな書体）
英語フォントメニュー名：A-OTF LalapopStd

#かな丸ゴシック体 #モリサワ #小見出し #大見出し

※漢字は新丸ゴ

永あ
あ L　あ R　あ M　あ DB
あ B　あ H　あ U

あおぎす
なのぱも
アオサダ
ポミルン
AGag39

やっほ〜はじめてお手紙を書いたよ L

デザインと文字の関係 DB

3/19 RENEWAL OPEN!! M

吾輩は猫である。名前はまだ無い。どこで生
れたかとんと見当がつかぬ。何でも薄暗いじ
めじめした所でニャーニャー泣いていた事だ
けは記憶している。吾輩はここで始めて人間 R

鼻歌うたってスキップ H

オトメな話 B

夢が叶う遊園地 H

楽しい
はずむ

かわいい

楽しい
はずむ

レトロ

物語性

和風

パワフル

やさしい

洗練

風格

信頼感

読ませる

タカポッキ

日本語フォントメニュー名：A-OTF タカポッキ Min　文字セット：Min
英語フォントメニュー名：A-OTF Takapokki Min

#デザイン書体　#モリサワ　#小見出し　#大見出し

永あ
あ

あおぎす
なのぱも
アオサダ
ポミルン
AGag3

優勝してメンバーが抱き合って歓喜

デザインと文字の関係

3/19 RENEWAL OPEN!!

吾輩は猫である。名前はまだ無い。どこで生れたかとんと見当がつかぬ。何でも薄暗いじめじめした所でニャーニャー泣いていた事だけは記憶している。吾輩はここで始めて人間

夢が叶う遊園地

期待の大型新人を紹介

自己流体操

くもやじ

日本語フォントメニュー名：A-OTF くもやじ Std　文字セット：A-J1-3(Std)
英語フォントメニュー名：A-OTF Kumoya Std

#デザイン書体　#モリサワ　#短文　#小見出し　#大見出し

永あ
あ

あおぎす
なのぱも
アオサダ
ポミルン
AGag39

2つの味わいが生み出すハーモニー

デザインと文字の関係

3/19 RENEWAL OPEN!!

吾輩は猫である。名前はまだ無い。どこで生れたかとんと見当がつかぬ。何でも薄暗いじめじめした所でニャーニャー泣いていた事だけは記憶している。吾輩はここで始めて人間

夢が叶う遊園地

全員でじゃんけんぽん

餅つき大会

29

かわいい

楽しい
ユーモラス

レトロ

物語性

和風

パワフル

やさしい

洗練

風格

信頼感

読ませる

楽しい
ユーモラス

タカリズム

日本語フォントメニュー名：A-OTF タカリズム Min　文字セット：Min
英語フォントメニュー名：A-OTF Takarhythm Min

#デザイン書体　#モリサワ　#小見出し　#大見出し

永あ
あ あ あ
R M DB

あおぎす
なのぱも
アオサダ
ポミルン
AGag39

リリックの中に垣間見るリスペクト R

デザインと文字の関係 DB

3/19 RENEWAL OPEN!! R

吾輩は猫である。名前はまだ無い。どこで生
れたかとんと見当がつかぬ。何でも薄暗いじ
めじめした所でニャーニャー泣いていた事だ
けは記憶している。吾輩はここで始めて人間
R M R

夢が叶う遊園地 DB

お笑いライブ公演情報

知らんけど

タカモダン

日本語フォントメニュー名：A-OTF タカモダン Min　文字セット：Min
英語フォントメニュー名：A-OTF Takamodern Min

#デザイン書体　#モリサワ　#小見出し　#大見出し

永あ
あ

あおぎす
なのぱも
アオサダ
ポミルン
AGag3

真っ赤なお鼻のピエロが曲芸を披露

デザインと文字の関係

3/19 RENEWAL OPEN!!

吾輩は猫である。名前はまだ無い。どこで生
れたかとんと見当がつかぬ。何でも薄暗いじ
めじめした所でニャーニャー泣いていた事だ
けは記憶している。吾輩はここで始めて人間

夢が叶う遊園地

ギャグ漫画界の金字塔

焼きプリン

楽しい
ユーモラス

トンネル

日本語フォントメニュー名：A-OTF トンネル Min　文字セット：Min
英語フォントメニュー名：A-OTF Tunnel Min

#デザイン書体　#モリサワ　#大見出し

永あ

あ（細線）　あ（太線）

ポイっと捨てたらなんだかスッキリ
太線

デザインと文字の関係
太線

RENEWAL OPEN
太線

天体観測会

ドタバタラブコメディ

開運図鑑

あおぎす
なのぱも
アオサダ
ポミルン
AGag3

夢が叶う遊園地
細線（天体観測会：細線・細線・太線）

Backflip Pro
ばっくふりっぷぷろ

日本語フォントメニュー名：Backflip Pro　文字セット：Pro（ラテン）
英語フォントメニュー名：Backflip Pro

#Display　#モリサワ　#短文　#小見出し　#大見出し

Aa3

Enjoy every moment
Bold

a（Thin）　a（Light）　a（Regular）
a（Bold）　a（Heavy）
a（Thin Italic）　a（Light Italic）　a（Italic）
a（Bold Italic）　a（Heavy Italic）

As young readers like to know "HOW PEOPLE LOOK," we will take this moment to give them a little sketch of the four sisters, who sat knitting away in the twilight, *while the December snow fell quietly without, and the fire crackled cheerfully within.*
Regular & Italic

Summer Holiday Camp 2023
Bold Italic

Hamburgefonstiv 1726
Thin

Winter **Carnival**
Lihgt & Heavy

かわいい
楽しい　ユーモラス
レトロ
物語性
和風
パワフル
やさしい
洗練
風格
信頼感
読ませる

かわいい

楽しい
軽快

レトロ

物語性

和風

パワフル

やさしい

洗練

風格

信頼感

読ませる

楽しい
軽快

| 新丸ゴ しんまるご | 日本語フォントメニュー名：A P-OTF 新丸ゴ Pr6N　文字セット：A-J1-7(Pr6N)
英語フォントメニュー名：A P-OTF Shin Maru Go Pr6N |

#丸ゴシック体　#モリサワ　#短文　#小見出し　#大見出し

永あ
あ あ あ あ
L R M DB
あ あ あ
B H U

あおぎす
なのぱも
アオサダ
ポミルン
AGag39

スタンプをためてメダルがもらえる L

デザインと文字の関係 DB

3/19 RENEWAL OPEN!! M

吾輩は猫である。名前はまだ無い。どこで生
れたかとんと見当がつかぬ。何でも薄暗いじ
めじめした所でニャーニャー泣いていた事だ
けは記憶している。吾輩はここで始めて人間 R

巨大迷路で宝を探そう U

スキー学習 B

夢が叶う遊園地 H

| ソフトゴシック | 日本語フォントメニュー名：A-OTF ソフトゴシック Std　文字セット：A-J1-3(Std)
英語フォントメニュー名：A-OTF Soft Gothic Std |

#丸ゴシック体　#モリサワ　#短文　#小見出し　#大見出し

永あ
あ あ あ あ
L R M DB
あ あ あ
B H U

あおぎす
なのぱも
アオサダ
ポミルン
AGag3

製本ワークショップで本づくり体験 L

デザインと文字の関係 DB

3/19 RENEWAL OPEN!! M

吾輩は猫である。名前はまだ無い。どこで生
れたかとんと見当がつかぬ。何でも薄暗いじ
めじめした所でニャーニャー泣いていた事だ
けは記憶している。吾輩はここで始めて人間 R

週末に行きたい美術館 U

絵本の世界 B

夢が叶う遊園地 H

かわいい

楽しい 軽快

レトロ

物語性

和風

パワフル

やさしい

洗練

風格

信頼感

読ませる

ヒラギノ丸ゴ
ひらぎのまるご

日本語フォントメニュー名：ヒラギノ丸ゴ StdN　文字セット：A-J1-3(StdN)
英語フォントメニュー名：Hiragino Maru Gothic StdN

#丸ゴシック体　#ヒラギノ　#本文　#短文　#小見出し　#大見出し

永あ

あ あ あ あ
W2 W3 W4 W5

あ あ
W6 W8

あおぎす
なのぱも
アオサダ
ポミルン
AGag39

学園祭で実行委員をやりませんか？
W2

デザインと文字の関係
W4

3/19 RENEWAL OPEN!!
W4

吾輩は猫である。名前はまだ無い。どこで生
れたかとんと見当がつかぬ。何でも薄暗いじ
めじめした所でニャーニャー泣いていた事だ
けは記憶している。吾輩はここで始めて人間
W3　　　　　　　W6　　　W5

夢が叶う遊園地
W8

レシピのアイデア大賞

イベント係

Role Soft Banner Pro
ろーるそふとばなーぷろ

日本語フォントメニュー名：Role Soft Banner Pro　文字セット：Pro（ラテン）
英語フォントメニュー名：Role Soft Banner Pro

#Rounded　#モリサワ　#短文　#小見出し　#大見出し

Aa3

a a a
Thin ExtraLight Light

a a a
Regular Medium Bold

a a a
ExtraBold Heavy Black

a a a
Thin ExtraLight Light
Italic Italic Italic

a a a
Italic Medium Bold Italic
Italic

a a a
ExtraBold Heavy Black Italic
Italic Italic

Enjoy every moment
Bold

AS YOUNG READERS LIKE TO KNOW "HOW PEOPLE LOOK," we will take
this moment to give them a little sketch of the four sisters, who sat
knitting away in the twilight, *while the December snow fell quietly
without, and the fire crackled cheerfully within.*
Regular & Italic

Exciting family-friendly activities
Heavy Italic

Hamburgefonstiv 1726
Thin

Splendid **Weekend**
Lihgt & Black

あゆの

very good

Tapir Pro

Fight!

Backflip Pro

NICE

つむぎ

タカハシンセ

たかぎつぐみ

新丸ゴ

もりさわかな

おくむらけん

ららぽー

あおぐみ
健太

レトロ
ハイカラ

ちさき

日本語フォントメニュー名：A P-OTF ちさき Min2　文字セット：Min2
英語フォントメニュー名：A P-OTF Chisaki Min2

#デザイン書体　#モリサワ　#短文　#小見出し　#大見出し

永あ
あ

あおぎす
なのぱも
アオサダ
ポミルン
AGag39

銀座のカフェーで煙草とウィスキー

デザインと文字の関係

Old Japanese Whiskey

吾輩は猫である。名前はまだ無い。どこで生れたかとんと見当がつかぬ。何でも薄暗いじめじめした所でニャーニャー泣いていた事だけは記憶している。吾輩はここで始めて人間

ビヰドロ喫茶室

座敷箒で畳の上を掃く

袴レンタル

くれたけ銘石
くれたけめいせき

日本語フォントメニュー名：A P-OTF くれたけ銘石 StdN　文字セット：A-J1-3(StdN)
英語フォントメニュー名：A P-OTF KuretakeMeiseki StdN

#ゴシック体　#モリサワ　#短文　#小見出し　#大見出し

永あ
あ

あおぎす
なのぱも
アオサダ
ポミルン
AGag39

洋風の髪型が広がり始めた大正末期

デザインと文字の関係

Old Japanese Whiskey

吾輩は猫である。名前はまだ無い。どこで生れたかとんと見当がつかぬ。何でも薄暗いじめじめした所でニャーニャー泣いていた事だけは記憶している。吾輩はここで始めて人間

ビヰドロ喫茶室

赤本漫画ブームの時代

古民家バル

かわいい
楽しい
レトロ
ハイカラ
物語性
和風
パワフル
やさしい
洗練
風格
信頼感
読ませる

レトロ
ハイカラ

モアリア	日本語フォントメニュー名：A-OTF モアリア Std　文字セット：A-J1-3(Std)
	英語フォントメニュー名：A-OTF Moaria Std

#デザイン書体　#モリサワ　#短文　#小見出し　#大見出し

永あ
あ　あ
R　B

ブドウ糖を含んだ甘酒で夏バテ防止
デザインと文字の関係 R
Old Japanese Whiskey B

吾輩は猫である。名前はまだ無い。どこで生
れたかとんと見当がつかぬ。何でも薄暗いじ
めじめした所でニャーニャー泣いていた事だ
けは記憶している。吾輩はここで始めて人間
R

あおぎす
なのぱも
アオサダ
ポミルン
AGag39

ビヰドロ喫茶室 B

化粧石鹸は一個十二銭 R

君ノ万年筆 B

ヒラギノ丸ゴ オールド	日本語フォントメニュー名：ヒラギノ丸ゴオールド StdN　文字セット：A-J1-3(StdN)
ひらぎのまるごおーるど	英語フォントメニュー名：Hiragino Sans Rd Old StdN

#丸ゴシック体　#ヒラギノ　#短文　#小見出し　#大見出し

永あ
あ　あ　あ
W4　W6　W8

ハンカチ落としと缶蹴りで遊ぼうよ W4
デザインと文字の関係 W6
Old Japanese Whiskey W4

吾輩は猫である。名前はまだ無い。どこで生
れたかとんと見当がつかぬ。何でも薄暗いじ
めじめした所でニャーニャー泣いていた事だ
けは記憶している。吾輩はここで始めて人間
W4

あおぎす
なのぱも
アオサダ
ポミルン
AGag39

ビヰドロ喫茶室 W8

金魚すくいにりんご飴 W6

なみだの歌
W4　W8　W6

レトロ
ハイカラ

かわいい
楽しい
レトロ
ハイカラ
物語性
和風
パワフル
やさしい
洗練
風格
信頼感
読ませる

TBカリグラゴシック
てぃーびーかりぐらごしっく

日本語フォントメニュー名：TBカリグラゴシック Std　文字セット：A-J1-3(Std)
英語フォントメニュー名：TBCGothic Std

#デザイン書体　#タイプバンク　#短文　#小見出し　#大見出し

※Rのみ Morisawa Fonts に搭載

永あ
あ あ あ
R E U

列車のジオラマ展示は少年達に人気
デザインと文字の関係
Old Japanese Whiskey

吾輩は猫である。名前はまだ無い。どこで生
れたかとんと見当がつかぬ。何でも薄暗いじ
めじめした所でニャーニャー泣いていた事だ
けは記憶している。吾輩はここで始めて人間

あおぎす
なのぱも
アオサダ
ポミルン
AGag39

ビヰドロ喫茶室

イワシの匂いで鬼除け
旅の思ひ出

游ゴシック体初号かな
ゆうごしっくたいしょごうかな

日本語フォントメニュー名：游ゴシック体初号かな　文字セット：-（かな書体）
英語フォントメニュー名：Yu Gothic Shogo Kana

#かなゴシック体　#字游工房　#短文　#小見出し　#大見出し

※漢字は游ゴシック体

永あ
あ あ あ あ
L R M D
あ あ あ
B E H

幻灯機使用の写し絵目当てに寄席へ
デザインと文字の関係
Old Japanese Whiskey

吾輩は猫である。名前はまだ無い。どこで生
れたかとんと見当がつかぬ。何でも薄暗いじ
めじめした所でニャーニャー泣いていた事だ
けは記憶している。吾輩はここで始めて人間

あおぎす
なのぱも
アオサダ
ポミルン
AGag39

ビヰドロ喫茶室

ソーダ水はお好きかな
よもぎ蒸し

かわいい

楽しい

レトロ
ハイカラ

物語性

和風

パワフル

やさしい

洗練

風格

信頼感

読ませる

レトロ
ハイカラ

| 墨東N | 日本語フォントメニュー名：A-OTF 墨東N Std　文字セット：-（かな書体） |
| ぼくとうえぬ | 英語フォントメニュー名：A-OTF BokutohN Std |

#かなゴシック体　#モリサワ　#短文　#小見出し　#大見出し

※漢字はゴシックMB101

永あ
あ　あ　あ　あ
L　R　M　DB
あ　あ　あ
B　H　U

あおぎす
なのぱも
アオサダ
ポミルン
AGag3

みんな寄っといで紙芝居が始まるよ L

デザインと文字の関係 DB

Old Japanese Whiskey

吾輩は猫である。名前はまだ無い。どこで生
れたかとんと見当がつかぬ。何でも薄暗いじ
めじめした所でニャーニャー泣いていた事だ
けは記憶している。吾輩はここで始めて人間

ビ ヰ ド ロ 喫茶室

色褪せたホーロー看板

さすらい風 R

ビ ヰ ド ロ 喫茶室 H

R U B

| ココン | 日本語フォントメニュー名：A P-OTF ココン Min2　文字セット：Min2 |
| | 英語フォントメニュー名：A P-OTF Kokon Min2 |

#デザイン書体　#モリサワ　#短文　#小見出し　#大見出し

永あ
あ

モダンガールの手にドレスグローブ

ビヰドロ喫茶室

▶ p.18

| タカモダン | 日本語フォントメニュー名：A-OTF タカモダン Min　文字セット：Min |
| | 英語フォントメニュー名：A-OTF Takamodern Min |

#デザイン書体　#モリサワ　#小見出し　#大見出し

永あ
あ

フィンガーウェーブのショートボブ

ビヰドロ喫茶室

▶ p.30

レトロ
ロマンチック

かわいい
楽しい
レトロ
ロマンチック
物語性
和風
パワフル
やさしい
洗練
風格
信頼感
読ませる

翠流ネオロマン
すいりゅうねおろまん

日本語フォントメニュー名：A P-OTF 翠流ネオロマン StdN　文字セット：A-J1-3(StdN)
英語フォントメニュー名：A P-OTF SuiryuNeoroman StdN

#デザイン書体　#モリサワ　#小見出し　#大見出し

永あ
あ

プリンセスとカエルの王子のお伽噺
デザインと文字の関係
Old Japanese Whiskey

吾輩は猫である。名前はまだ無い。どこで生れたかとんと見当がつかぬ。何でも薄暗いじめじめした所でニャーニャー泣いていた事だけは記憶している。吾輩はここで始めて人間

あおぎす
なのぱも
アオサダ
ポミルン
AGag3

ビヰドロ喫茶室

村人はみな星空に祈る 欧風カリー

翠流デコロマン
すいりゅうでころまん

日本語フォントメニュー名：A P-OTF 翠流デコロマン StdN　文字セット：A-J1-3(StdN)
英語フォントメニュー名：A P-OTF SuiryuDecoroman StdN

#デザイン書体　#モリサワ　#小見出し　#大見出し

永あ
あ

リボンで髪をまとめてポニーテール
デザインと文字の関係
Old Japanese Whiskey

吾輩は猫である。名前はまだ無い。どこで生れたかとんと見当がつかぬ。何でも薄暗いじめじめした所でニャーニャー泣いていた事だけは記憶している。吾輩はここで始めて人間

あおぎす
なのぱも
アオサダ
ポミルン
AGag3

ビヰドロ喫茶室

真っ赤なイチゴにキス ガラス細工

かわいい
楽しい
レトロ
ロマンチック
物語性
和風
パワフル
やさしい
洗練
風格
信頼感
読ませる

レトロ
ロマンチック

赤のアリス
あかのありす

日本語フォントメニュー名：TB赤のアリス Min2　文字セット：Min2
英語フォントメニュー名：TBRedAlice Min2

#デザイン書体　#タイプバンク　#小見出し　#大見出し

永あ
ぁ

金木犀が香るオーデコロンを首筋に

デザインと文字の関係

Old Japanese Whiskey

吾輩は猫である。名前はまだ無い。どこで生れたかとんと見当がつかぬ。何でも薄暗いじめじめした所でニャーニャー泣いていた事だけは記憶している。吾輩はここで始めて人間

あおぎす
なのぱも
アオサダ
ポミルン
AGag39

ビヰドロ喫茶室

薔薇と純白の慕情咲く

ヤマネコ堂

白のアリス
しろのありす

日本語フォントメニュー名：TB白のアリス Min2　文字セット：Min2
英語フォントメニュー名：TBWhiteAlice Min2

#デザイン書体　#タイプバンク　#小見出し　#大見出し

永あ
ぁ

ダプネーの体は月桂樹へと変化した

デザインと文字の関係

Old Japanese Whiskey

吾輩は猫である。名前はまだ無い。どこで生れたかとんと見当がつかぬ。何でも薄暗いじめじめした所でニャーニャー泣いていた事だけは記憶している。吾輩はここで始めて人間

あおぎす
なのぱも
アオサダ
ポミルン
AGag39

ビヰドロ喫茶室

ロミオとジュリエット

王室御用達

レトロ
ロマンチック

かわいい
楽しい
レトロ
ロマンチック
物語性
和風
パワフル
やさしい
洗練
風格
信頼感
読ませる

オズ

日本語フォントメニュー名：TB オズ Min2　文字セット：Min2
英語フォントメニュー名：TBOz Min2

#デザイン書体　#タイプバンク　#小見出し　#大見出し

永 あ
あ

あおぎす
なのばも
アオサダ
ボミルン
AGag39

アフターディナーティーを淹れてよ

デザインと文字の関係

Old Japanese Whiskey

吾輩は猫である。名前はまだ無い。どこで生
れたかとんと見当がつかぬ。何でも薄暗いじ
めじめした所でニャーニャー泣いていた事だ
けは記憶している。吾輩はここで始めて人間

ビヰドロ喫茶室

ワインより酔いしれて

西洋絵画展

Zingha Pro
じんはーぷろ

日本語フォントメニュー名：Zingha Pro　文字セット：Pro（ラテン）
英語フォントメニュー名：Zingha Pro

#Serif　#モリサワ　#本文　#短文　#小見出し　#大見出し

Aa3

a
Regular

a
Medium

a
Bold

a
Bold Deco

a
Italic

a
Medium
Italic

a
Bold Italic

a
Bold Deco
Italic

Queen of Romance
Medium

AS YOUNG READERS LIKE TO KNOW "HOW PEOPLE LOOK," we
will take this moment to give them a little sketch of the four
sisters, who sat knitting away in the twilight, *while the December
snow fell quietly without, and the fire crackled cheerfully within.*　Regular & Italic

True love stories never have endings
Bold Italic

Hamburgefonstiv 1726
Regular

Vintage Wine
Bold Deco Italic

41

石鹸クリーム

翡翠デコロマン

白のアリス、Zingha Pro

Star and Moon

星と月の香水

エレガント
薔薇
美顔水

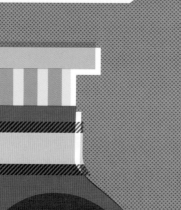

ちさき

物語性
神秘的

かわいい
楽しい
レトロ
物語性
神秘的
和風
パワフル
やさしい
洗練
風格
信頼感
読ませる

オーブ

日本語フォントメニュー名：TBオーブ Std　文字セット：A-J1-3(Std)
英語フォントメニュー名：TBOrb Std

#デザイン書体　#タイプバンク　#短文　#小見出し　#大見出し

永あ
あ

あおぎす
なのぱも
アオサダ
ポミルン
AGag3

眼前に広がったのは深山幽谷の風景
デザインと文字の関係
Full Moon Mysteries

吾輩は猫である。名前はまだ無い。どこで生れたかと
んと見当がつかぬ。何でも薄暗いじめじめした所でニャー
ニャー泣いていた事だけは記憶している。吾輩はここ
で始めて人間というものを見た。しかもあとで聞くとそ

剣と魔法の物語

生活に息づく陰陽五行
伝説の神殿

ラピスメルト

日本語フォントメニュー名：A P-OTF ラピスメルト Min2　文字セット：Min2
英語フォントメニュー名：A P-OTF LapisMelt Min2

#デザイン書体　#モリサワ　#短文　#小見出し　#大見出し

永あ
あ あ あ
L M B

あおぎす
なのぱも
アオサダ
ポミルン
AGag3

森の奥にひっそりと棲むユニコーン L
デザインと文字の関係 M
Full Moon Mysteries M

吾輩は猫である。名前はまだ無い。どこで生れたかとん
と見当がつかぬ。何でも薄暗いじめじめした所でニャー
ニャー泣いていた事だけは記憶している。吾輩はここで始
めて人間というものを見た。しかもあとで聞くとそれは書

剣と魔法の物語 B

勇敢なる英雄テセウス
銀河系探索
L B L

かわいい
楽しい
レトロ
物語性
神秘的
和風
パワフル
やさしい
洗練
風格
信頼感
読ませる

物語性
神秘的

陸隷
りくれい

日本語フォントメニュー名：A P-OTF 陸隷 StdN　文字セット：A-J1-3(StdN)
英語フォントメニュー名：A P-OTF Likurei StdN

#筆書体 #モリサワ #短文 #小見出し #大見出し

永あ
あ

あおぎす
なのぱも
アオサダ
ポミルン
AGag39

読み継がれる伝奇小説「桃花源記」

デザインと文字の関係

Full Moon Mysteries

吾輩は猫である。名前はまだ無い。どこで生れたかとんと見当がつかぬ。何でも薄暗いじめじめした所でニャーニャー泣いていた事だけは記憶している。吾輩はここで始めて人間

剣と魔法の物語

世界中にある七不思議 ミステリー

花胡蝶
はなこちょう

日本語フォントメニュー名：RA 花胡蝶 Std　文字セット：A-J1-3(Std)
英語フォントメニュー名：RA HanaKocho Std

#筆書体 #タイプバンク #本文 #短文 #小見出し #大見出し

永あ
あ　あ　あ
L　M　B

あおぎす
なのぱも
アオサダ
ポミルン
AGag39

常世と現世つなぐ幽幻ファンタジー L

デザインと文字の関係 M

Full Moon Mysteries

吾輩は猫である。名前はまだ無い。どこで生れたかとんと見当がつかぬ。何でも薄暗いじめじめした所でニャーニャー泣いていた事だけは記憶している。吾輩はここで始めて人間

剣と魔法の物語 B

夢の中で胡蝶と出会う 摩訶不思議
L　B　M
B

物語性
神秘的

かわいい

楽しい

レトロ

物語性
神秘的

和風

パワフル

やさしい

洗練

風格

信頼感

読ませる

エコー	日本語フォントメニュー名：TB エコー Std　文字セット：A-J1-3(Std) 英語フォントメニュー名：TBEcho Std

#デザイン書体　#タイプバンク　#短文　#小見出し　#大見出し

永あ
あ あ あ
L R B

西洋画に描かれた巨大なノアの方舟 L

剣と魔法の物語 B

オズ	日本語フォントメニュー名：TB オズ Min2　文字セット：Min2 英語フォントメニュー名：TBOz Min2

#デザイン書体　#タイプバンク　#小見出し　#大見出し

永あ
あ

捨てられたミノス王の娘アリアドネ

剣と魔法の物語

LatinMO Pro らてんえむおーぷろ	日本語フォントメニュー名：LatinMO Pro　文字セット：Pro（ラテン） 英語フォントメニュー名：LatinMO Pro

#Serif　#モリサワ　#短文　#小見出し　#大見出し

Aa3

a a a
Light Regular Bold

a a a
Light Italic Italic Bold Italic

The Twelve Zodiac Signs
Bold

As young readers like to know "HOW PEOPLE LOOK," we will take this moment to give them a little sketch of the four sisters, who sat knitting away in the twilight, *while the December snow fell quietly without, and the fire crackled cheerfully within.*
Regular & Italic

Weekly Tarot Card Readings
Bold Italic

Hamburgefonstiv 1726
Light

Destiny of Love
Light & Bold

かわいい

楽しい

レトロ

物語性
近未来

和風

パワフル

やさしい

洗練

風格

信頼感

読ませる

物語性
近未来

翠流アトラス
すいりゅうあとらす

日本語フォントメニュー名：A P-OTF 翠流アトラス　文字セット：A-J1-3(StdN)
英語フォントメニュー名：A P-OTF SuiryuAtlas StdN

#デザイン書体　#モリサワ　#小見出し　#大見出し

永あ
あ あ あ
R M B

あおぎす
なのぱも
アオサダ
ポミルン
AGag3

テラフォーミングをねらい惑星探索 R

デザインと文字の関係 M

Full Moon Mysteries M

吾輩は猫である。名前はまだ無い。どこで生
れたかとんと見当がつかぬ。何でも薄暗いじ
めじめした所でニャーニャー泣いていた事だ
けは記憶している。吾輩はここで始めて人間 R

剣と魔法の物語 B

電脳ロボット戦闘兵器 M

天王星旅行 B

ラピスエッジ

日本語フォントメニュー名：A P-OTF ラピスエッジ Min2　文字セット：Min2
英語フォントメニュー名：A P-OTF LapisEdge Min2

#デザイン書体　#モリサワ　#短文　#小見出し　#大見出し

永あ
あ あ あ
L M B

あおぎす
なのぱも
アオサダ
ポミルン
AGag3

地球を知らない月面コロニーの子供 L

デザインと文字の関係 M

Full Moon Mysteries M

吾輩は猫である。名前はまだ無い。どこで生れたかとん
と見当がつかぬ。何でも薄暗いじめじめした所でニャー
ニャー泣いていた事だけは記憶している。吾輩はここで始
めて人間というものを見た。しかもあとで聞くとそれは書 L

剣と魔法の物語 B

人工冬眠カプセル解除 L

未確認生物 B

物語性
近未来

かわいい
楽しい
レトロ
物語性
近未来
和風
パワフル
やさしい
洗練
風格
信頼感
読ませる

G2サンセリフ
じーつーさんせりふ

日本語フォントメニュー名：RoG2サンセリフ StdN　文字セット：A-J1-3(StdN)
英語フォントメニュー名：Ro GSan Serif StdN

#デザイン書体　#タイプバンク　#小見出し　#大見出し

永あ
あ　あ
（B）（U）

観測史上最大級の彗星が地球に接近 （D）
デザインと文字の関係 （U）
Full Moon Mysteries （B）

吾輩は猫である。名前はまだ無い。どこで生れたかとんと見当がつかぬ。何でも薄暗いじめじめした所でニャーニャー泣いていた事だけは記憶している。吾輩はここで始めて人間

あおぎす
なのぱも
アオサダ
ポミルン
AGag3

剣と魔法の物語 （U）

惑星間スペースバトル （B）
開発エリア （U）（B）

フォーク

日本語フォントメニュー名：A P-OTF フォーク ProN　文字セット：A-J1-4(ProN)
英語フォントメニュー名：A P-OTF Folk ProN

#デザイン書体　#モリサワ　#短文　#小見出し　#大見出し

永あ
あ　あ　あ
（R）（M）（B）（H）

▶ p.90

初恋の少女そっくりのアンドロイド （M）
剣と魔法の物語 （H）

タイプラボN
たいぷらぼえぬ

日本語フォントメニュー名：A-OTF タイプラボN Std　文字セット：-（かな書体）
英語フォントメニュー名：A-OTF TypelaboN Std

#かなゴシック体　#モリサワ　#短文　#小見出し　#大見出し

永あ
あ　あ　あ
（L）（R）（M）（DB）
あ　あ　あ
（H）（U）

▶ p.91

はるか宇宙の果てをバーチャル体験 （M）
剣と魔法の物語 （B）

かわいい

楽しい

レトロ

物語性
ホラー

和風

パワフル

やさしい

洗練

風格

信頼感

読ませる

物語性
ホラー

日本語フォントメニュー名：A P-OTF うたよみ StdN　文字セット：A-J1-3(StdN)
英語フォントメニュー名：A P-OTF Utayomi StdN

#デザイン書体　#モリサワ　#短文　#小見出し　#大見出し

永あ
あ

あおぎす
なのぱも
アオサダ
ポミルン
AGag39

丑の刻に井戸から現れた女中の幽霊

デザインと文字の関係

Full Moon Mysteries

吾輩は猫である。名前はまだ無い。どこで生
れたかとんと見当がつかぬ。何でも薄暗いじ
めじめした所でニャーニャー泣いていた事だ
けは記憶している。吾輩はここで始めて人間

剣と魔法の物語

廃墟と暗闇

あなただけが知らない

日本語フォントメニュー名：RA花牡丹 Std　文字セット：A-J1-3(Std)
英語フォントメニュー名：RA HanaBotan Std

#筆書体　#タイプバンク　#小見出し　#大見出し

永あ
あ

あおぎす
なのぱも
アオサダ
ポミルン
AGag39

魑魅魍魎の妖怪達が跋扈する真夜中

デザインと文字の関係

Full Moon Mysteries

吾輩は猫である。名前はまだ無い。どこで生
れたかとんと見当がつかぬ。何でも薄暗いじ
めじめした所でニャーニャー泣いていた事だ
けは記憶している。吾輩はここで始めて人間

剣と魔法の物語

見知らぬ顔

ポルターガイスト現象

物語性
ホラー

かわいい

楽しい

レトロ

物語性
ホラー

和風

パワフル

やさしい

洗練

風格

信頼感

読ませる

隷書101
れいしょいちまるいち

日本語フォントメニュー名：A P-OTF 隷書101 StdN　文字セット：A-J1-3(StdN)
英語フォントメニュー名：A P-OTF Reisho 101 StdN

#筆書体　#モリサワ　#小見出し　#大見出し

永あ
ぁ

百物語の最後のロウソクを吹き消す

デザインと文字の関係

Full Moon Mysteries

吾輩は猫である。名前はまだ無い。どこで生れたかとんと見当がつかぬ。何でも薄暗いじめじめした所でニャーニャー泣いていた事だけは記憶している。吾輩はここで始めて人間

あおぎす
なのぱも
アオサダ
ポミルン
AGag3

剣と魔法の物語

テケテケがついてくる
ゾンビ映画

TB古印体
てぃーびーこいんたい

日本語フォントメニュー名：RoTB古印体Std　文字セット：A-J1-3(Std)
英語フォントメニュー名：Ro Kointai Std

#筆書体　#タイプバンク　#小見出し　#大見出し

永あ
ぁ

血まみれの手の跡がべったり残った

デザインと文字の関係

Full Moon Mysteries

吾輩は猫である。名前はまだ無い。どこで生れたかとんと見当がつかぬ。何でも薄暗いじめじめした所でニャーニャー泣いていた事だけは記憶している。吾輩はここで始めて人間

あおぎす
なのぱも
アオサダ
ポミルン
AGag3

剣と魔法の物語

鏡に映りこんだ謎の影
開かずの扉

かわいい

楽しい

レトロ

物語性
語り口調

和風

パワフル

やさしい

洗練

風格

信頼感

読ませる

物語性
語り口調

くろまめ

日本語フォントメニュー名：A P-OTF くろまめ StdN　文字セット：A-J1-3(StdN)
英語フォントメニュー名：A P-OTF Kuromame StdN

#デザイン書体　#モリサワ　#短文　#小見出し　#大見出し

永あ
あ

あおぎす
なのぱも
アオサダ
ポミルン
AGag3

最旬トレンドの春メイクをチェック

デザインと文字の関係

Full Moon Mysteries

吾輩は猫である。名前はまだ無い。どこで生れたかとんと見当がつかぬ。何でも薄暗いじめじめした所でニャーニャー泣いていた事だけは記憶している。吾輩はここで始めて人間

剣と魔法の物語

胸キュンなラブソング
あそぼうよ

シネマレター

日本語フォントメニュー名：A-OTF シネマレター Std　文字セット：A-J1-3(Std)
英語フォントメニュー名：A-OTF CinemaLetter Std

#デザイン書体　#モリサワ　#短文　#小見出し　#大見出し

永あ
あ

あおぎす
なのぱも
アオサダ
ポミルン
AGag3

次に会える日曜まで待ちきれないわ

デザインと文字の関係

Full Moon Mysteries

吾輩は猫である。名前はまだ無い。どこで生れたかとんと見当がつかぬ。何でも薄暗いじめじめした所でニャーニャー泣いていた事だけは記憶している。吾輩はここで始めて人間

剣と魔法の物語

まずは合言葉を聞こう
素敵な人ね

物語性
語り口調

かわいい

楽しい

レトロ

物語性
語り口調

和風

パワフル

やさしい

洗練

風格

信頼感

読ませる

トーキング

日本語フォントメニュー名：A P-OTF トーキング StdN　文字セット：A-J1-3(StdN)
英語フォントメニュー名：A P-OTF Talking StdN

#デザイン書体　#モリサワ　#短文　#小見出し　#大見出し

永あ
あ

あおぎす
なのぱも
アオサダ
ポミルン
AGag39

どっちのニュースから聞きたいかな

デザインと文字の関係

Full Moon Mysteries

吾輩は猫である。名前はまだ無い。どこで生
れたかとんと見当がつかぬ。何でも薄暗いじ
めじめした所でニャーニャー泣いていた事だ
けは記憶している。吾輩はここで始めて人間

剣と魔法の物語

仲間と孤島で生き残れ

話をしよう

秀英にじみアンチック
しゅうえいにじみあんちっく

日本語フォントメニュー名：A P-OTF 秀英にじみアンチ StdN　文字セット：A-J1-3(StdN)
英語フォントメニュー名：A P-OTF Shuei NAnti StdN

#明朝体　#モリサワ　#短文　#小見出し　#大見出し

永あ
あ

あおぎす
なのぱも
アオサダ
ポミルン
AGag39

魔女の森に狼は入れないはずなのに

デザインと文字の関係

Full Moon Mysteries

吾輩は猫である。名前はまだ無い。どこで生
れたかとんと見当がつかぬ。何でも薄暗いじ
めじめした所でニャーニャー泣いていた事だ
けは記憶している。吾輩はここで始めて人間

剣と魔法の物語

小僧なかなかの腕前だ

本当かい？

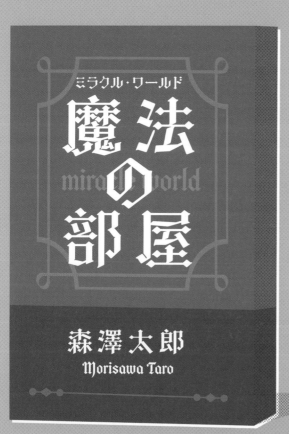

ミラクル・ワールド
魔法の部屋
miracle world

森澤太郎
Morisawa Taro

オズ

密室
あかずの部屋
日本トリック研究所/編

完全犯罪は可能か!?

地上五十二階、病院の集中治療室で、犯人はどのように侵入したのか…!

驚きの6事例収録!!

TB古

恋の♡お悩み相談室

FMモリサワ 編・著

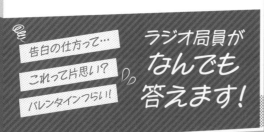

告白の仕方って…
これって片思い!?
バレンタインつらい!

ラジオ局員が**なんでも答えます!**

くろまめ

スチーム・パンク・ユートピア
steampunk utopia
taro morisawa 森澤太郎

人体と蒸気機関の融合は可能か…?

心躍るSF小説傑作!

ラピスユ

和風
実直

かわいい
楽しい
レトロ
物語性
和風
実直
パワフル
やさしい
洗練
風格
信頼感
読ませる

ヒラギノ行書
ひらぎのぎょうしょ

日本語フォントメニュー名：ヒラギノ行書 StdN　文字セット：A-J1-3(StdN)
英語フォントメニュー名：Hiragino Gyosyo StdN

#筆書体　#ヒラギノ　#短文　#小見出し　#大見出し

永 あ
あ あ
W4 W8

古事記のヤマトタケル伝説を紐解く W4
デザインと文字の関係 W8
Autumn Sky of Kyoto W4

吾輩は猫である。名前はまだ無い。どこで生れたかとんと見当がつかぬ。何でも薄暗いじめじめした所でニャーニャー泣いていた事だけは記憶している。吾輩はここで始めて人間 W4

あおぎす
なのぱも
アオサダ
ポミルン
AGag39

大名屋敷と庭園 W8

暑中見舞い W8

三傑が主導の倒幕運動 W4

羽衣
はごろも

日本語フォントメニュー名：Ro羽衣 Std　文字セット：A-J1-3(Std)
英語フォントメニュー名：Ro Hagoromo Std

#筆書体　#タイプバンク　#短文　#小見出し　#大見出し

永 あ
あ あ
M B

サーベル状に誂えた名刀・小竜景光 M
デザインと文字の関係 B
Autumn Sky of Kyoto M

吾輩は猫である。名前はまだ無い。どこで生れたかとんと見当がつかぬ。何でも薄暗いじめじめした所でニャーニャー泣いていた事だけは記憶している。吾輩はここで始めて人間 M

あおぎす
なのぱも
アオサダ
ポミルン
AGag39

大名屋敷と庭園 B

お歳暮受付 B M

東洋で初のメトロ開業 M

かわいい

楽しい

レトロ

物語性

和風
実直

パワフル

やさしい

洗練

風格

信頼感

読ませる

和風
実直

| 篠 |
| しの |

日本語フォントメニュー名：Ro 篠 Std　文字セット：A-J1-3(Std)
英語フォントメニュー名：Ro Shino Std

#筆書体 #タイプバンク #短文 #小見出し #大見出し

永 あ
あ あ
M B

日本におけるモダニズム建築の始祖 M

デザインと文字の関係 B

Autumn Sky of Kyoto M

吾輩は猫である。名前はまだ無い。どこで生
れたかとんと見当がつかぬ。何でも薄暗いじ
めじめした所でニャーニャー泣いていた事だ
けは記憶している。吾輩はここで始めて人間

あ お ぎ す
な の ぱ も
ア オ サ ダ
ポ ミ ル ン
AGag39

大名屋敷と庭園 B

大正デモクラシー運動 M

贈答用和梨 M B

| 角新行書 |
| かくしんぎょうしょ |

日本語フォントメニュー名：A P-OTF 角新行書 StdN　文字セット：A-J1-3(StdN)
英語フォントメニュー名：A P-OTF KakushinGyousho StdN

#筆書体 #モリサワ #小見出し #大見出し

永 あ
あ あ
L M

黒船来航を端緒とする日本の近代化 L

デザインと文字の関係 M

Autumn Sky of Kyoto L

吾輩は猫である。名前はまだ無い。どこで生
れたかとんと見当がつかぬ。何でも薄暗いじ
めじめした所でニャーニャー泣いていた事だ
けは記憶している。吾輩はここで始めて人間

あ お ぎ す
な の ぱ も
ア オ サ ダ
ポ ミ ル ン
AGag39

大名屋敷と庭園 M

八十八の札所をめぐる L

有形文化財 M L

和風
豪快

かわいい
楽しい
レトロ
物語性
和風
豪快
パワフル
やさしい
洗練
風格
信頼感
読ませる

剣閃
けんせん

日本語フォントメニュー名：A P-OTF 剣閃 StdN　文字セット：A-J1-3(StdN)
英語フォントメニュー名：A P-OTF Kensen StdN

#デザイン書体　#モリサワ　#大見出し

永あ
あ

鬼哭啾啾の戦に一歩たりとも退かぬ

デザインと文字の関係

Matcha Chocolate

気炎万丈

大名屋敷と庭園

疾風雷神伝

肉汁たっぷりうどん膳

あおぎす
なのぱも
アオサダ
ポミルン
AGag39

楷書 MCBK1
かいしょえむしいびいけいわん

日本語フォントメニュー名：A P-OTF 楷書 MCBK1 ProN　文字セット：A-J1-4(ProN)
英語フォントメニュー名：A P-OTF Kaisho MCBK1 ProN

#筆書体　#モリサワ　#大見出し

永あ
あ

主人公は背中で語る情にもろい大男

デザインと文字の関係

Matcha Chocolate

横綱昇進

大名屋敷と庭園

純米大吟醸

決まり手は一本背負い

あおぎす
なのぱも
アオサダ
ポミルン
AGag3

かわいい

楽しい

レトロ

物語性

和風
豪快

パワフル

やさしい

洗練

風格

信頼感

読ませる

和風
豪快

銀龍 ぎんりゅう	日本語フォントメニュー名：A_KSO 銀龍　文字セット：A-J1-3(Std) 英語フォントメニュー名：A_KsoGinryu

#デザイン書体 　#昭和書体 　#大見出し

永 あ
ぁ

あ　ぎ　す
お　ぱ　も
な　サ　ダ
ア　オ　ン
ポ　ミ　ル
AGag39

開局30周年記念時代劇スペシャル

デザインと文字の関係

Matcha Chocolate

時代活劇

大名屋敷と庭園

空手大会チャンピオン

武士の精神

闘龍 とうりゅう	日本語フォントメニュー名：A_KSO 闘龍　文字セット：A-J1-3(Std) 英語フォントメニュー名：A_KsoTouryu

#デザイン書体 　#昭和書体 　#大見出し

永 あ
ぁ

あ　ぎ　す
お　ぱ　も
な　サ　ダ
ア　オ　ン
ポ　ミ　ル
AGag39

大戦乱！エイリアン VS サムライ

デザインと文字の関係

Matcha Chocolate

炉端焼き

大名屋敷と庭園

鬼を討ち取る戦国武将

らぁ麺道場

和風
たおやか

かわいい
楽しい
レトロ
物語性
和風
たおやか
パワフル
やさしい
洗練
風格
信頼感
読ませる

白妙 オールド
しろたえおーるど

日本語フォントメニュー名：A P-OTF 白妙 オールド StdN　文字セット：A-J1-3(StdN)
英語フォントメニュー名：A P-OTF Shirotae Old StdN

#デザイン書体　#モリサワ　#短文　#小見出し　#大見出し

永あ
あ (L)　あ (M)

あおぎす
なのぱも
アオサダ
ポミルン
AGag39

細きわがうなじにあまる御手のべて (L)

デザインと文字の関係 (M)

Autumn Sky of Kyoto (L)

吾輩は猫である。名前はまだ無い。どこで生
れたかとんと見当がつかぬ。何でも薄暗いじ
めじめした所でニャーニャー泣いていた事だ
けは記憶している。吾輩はここで始めて人間

大名屋敷と庭園 (M)

あずき茶屋 (L)(M)(L)(M)

わが恋を如何に答へん

解ミン月
かいみんつき

日本語フォントメニュー名：A P-OTF 解ミン月 StdN　文字セット：A-J1-3(StdN)
英語フォントメニュー名：A P-OTF Kaimin Tsuki StdN

#デザイン書体　#モリサワ　#短文　#小見出し　#大見出し

永あ
あ (R)　あ (M)　あ (B)　あ (H)

あおぎす
なのぱも
アオサダ
ポミルン
AGag39

北海道開拓と入植の歴史をたどった (R)

デザインと文字の関係 (B)

Autumn Sky of Kyoto (R)

吾輩は猫である。名前はまだ無い。どこで生
れたかとんと見当がつかぬ。何でも薄暗いじ
めじめした所でニャーニャー泣いていた事だ
けは記憶している。吾輩はここで始めて人間

大名屋敷と庭園 (H)

干支だるま (R)(B)(M)(R)

三味線を披露する芸妓

57

かわいい

楽しい

レトロ

物語性

和風
たおやか

パワフル

やさしい

洗練

風格

信頼感

読ませる

和風
たおやか

さくらぎ蛍雪
さくらぎけいせつ

日本語フォントメニュー名：A P-OTF さくらぎ蛍雪 StdN　文字セット：A-J1-3(StdN)
英語フォントメニュー名：A P-OTF SakuraKeisetsu StdN

#筆書体 #モリサワ #本文 #短文 #小見出し #大見出し

永あ
ぁ

拝殿前で二礼二拍手一礼にて参拝す

デザインと文字の関係

Autumn Sky of Kyoto

吾輩は猫である。名前はまだ無い。どこで生
れたかとんと見当がつかぬ。何でも薄暗いじ
めじめした所でニャーニャー泣いていた事だ
けは記憶している。吾輩はここで始めて人間

蓮は極楽浄土に咲く花

湯の宿薫屋

あおぎす
なのぱも
アオサダ
ポミルン
AGag39

大名屋敷と庭園

みちくさ

日本語フォントメニュー名：A P-OTF みちくさ StdN　文字セット：A-J1-3(StdN)
英語フォントメニュー名：A P-OTF Michikusa StdN

#デザイン書体 #モリサワ #短文 #小見出し #大見出し

永あ
ぁ

雨に濡れそぼった烏色のロングヘア

デザインと文字の関係

Autumn Sky of Kyoto

吾輩は猫である。名前はまだ無い。どこで生
れたかとんと見当がつかぬ。何でも薄暗いじ
めじめした所でニャーニャー泣いていた事だ
けは記憶している。吾輩はここで始めて人間

鮮やかで美しい和菓子

ものがたり

あおぎす
なのぱも
アオサダ
ポミルン
AGag39

大名屋敷と庭園

かわいい

楽しい

レトロ

物語性

和風
たおやか

パワフル

やさしい

洗練

風格

信頼感

読ませる

錦麗行書
きんれいぎょうしょ

日本語フォントメニュー名：A P-OTF 錦麗行書 StdN　文字セット：A-J1-3(StdN)
英語フォントメニュー名：A P-OTF KinreiGyosho StdN

#筆書体　#モリサワ　#短文　#小見出し　#大見出し

永あ
ぁ

あおぎす
なのぱも
アオサダ
ポミルン
AGag39

十二単で姫様になれる和ブライダル

デザインと文字の関係

Autumn Sky of Kyoto

吾輩は猫である。名前はまだ無い。どこで生れたかとんと見当がつかぬ。何でも薄暗いじめじめした所でニャーニャー泣いていた事だけは記憶している。吾輩はここで始めて人間

大名屋敷と庭園

絹のショールを巻いて
京の手土産

澄月
ちょうげつ

日本語フォントメニュー名：A P-OTF 澄月 Min2　文字セット：Min2
英語フォントメニュー名：A P-OTF Chougetsu Min2

#デザイン書体　#モリサワ　#短文　#小見出し　#大見出し

永あ
ぁ

あおぎす
なのぱも
アオサダ
ポミルン
AGag39

苟薬のごとく凛とした立居振る舞い

デザインと文字の関係

Autumn Sky of Kyoto

吾輩は猫である。名前はまだ無い。どこで生れたかとんと見当がつかぬ。何でも薄暗いじめじめした所でニャーニャー泣いていた事だけは記憶している。吾輩はここで始めて人間というものを見た。

大名屋敷と庭園

燃えるように美しい舞
夜桜咲く春

かわいい
楽しい
レトロ
物語性
和風
軽やか
パワフル
やさしい
洗練
風格
信頼感
読ませる

小琴 京かな
こきんきょうかな

日本語フォントメニュー名：A P-OTF 小琴京かな StdN　文字セット：A-J1-3(StdN)
英語フォントメニュー名：A P-OTF KokinKyokana StdN

#デザイン書体　#モリサワ　#短文　#小見出し　#大見出し

永あ
あ

あおぎすも
なのぱも
アオサダ
ポミルン
AGag39

百貨店の歳末大売り出し案内絵葉書
デザインと文字の関係
Autumn Sky of Kyoto

吾輩は猫である。名前はまだ無い。どこで生れたかとんと見当がつかぬ。何でも薄暗いじめじめした所でニャーニャー泣いていた事だけは記憶している。吾輩はここで始めて人間

大名屋敷と庭園

ナポリタンは横浜発祥
山菜天ぷら

武蔵野
むさしの

日本語フォントメニュー名：A P-OTF 武蔵野 StdN　文字セット：A-J1-3(StdN)
英語フォントメニュー名：A P-OTF Musashino StdN

#デザイン書体　#モリサワ　#短文　#小見出し　#大見出し

永あ
あ

あおぎすも
なのぱも
アオサダ
ポミルン
AGag39

重要文化財であるビリヤードルーム
デザインと文字の関係
Autumn Sky of Kyoto

吾輩は猫である。名前はまだ無い。どこで生れたかとんと見当がつかぬ。何でも薄暗いじめじめした所でニャーニャー泣いていた事だけは記憶している。吾輩はここで始めて人間

大名屋敷と庭園

コンバーター式万年筆
浅葱色の帯

和風
軽やか

かわいい
楽しい
レトロ
物語性
和風
軽やか
パワフル
やさしい
洗練
風格
信頼感
読ませる

| はせ筆 | 日本語フォントメニュー名：A P-OTF はせ筆 StdN　文字セット：A-J1-3(StdN) |
| はせふで | 英語フォントメニュー名：A P-OTF Hasefude StdN |

#デザイン書体　#モリサワ　#短文　#小見出し　#大見出し

永あ
あ

あおぎす
なのぱも
アオサダ
ポミルン
AGag39

暑い季節にぴったりな涼を運ぶ扇子

デザインと文字の関係

Autumn Sky of Kyoto

吾輩は猫である。名前はまだ無い。どこで生
れたかとんと見当がつかぬ。何でも薄暗いじ
めじめした所でニャーニャー泣いていた事だ
けは記憶している。吾輩はここで始めて人間

大名屋敷と庭園

イブニングドレス特集
ふれあい市

| 那欽 | 日本語フォントメニュー名：A-OTF 那欽 Std　文字セット：A-J1-3(Std) |
| なちん | 英語フォントメニュー名：A-OTF Nachin Std |

#デザイン書体　#モリサワ　#短文　#小見出し　#大見出し

永あ
あ

あおぎす
なのぱも
アオサダ
ポミルン
AGag3

鹿鳴館の舞踏会ファンシー・ボール

デザインと文字の関係

Autumn Sky of Kyoto

吾輩は猫である。名前はまだ無い。どこで生
れたかとんと見当がつかぬ。何でも薄暗いじ
めじめした所でニャーニャー泣いていた事だ
けは記憶している。吾輩はここで始めて人間

大名屋敷と庭園

懐かしのあいすくりん
割烹ほたる

和風
粋

勘亭流
かんていりゅう

日本語フォントメニュー名：A P-OTF 勘亭流 StdN　文字セット：A-J1-3(StdN)
英語フォントメニュー名：A P-OTF Kanteiryu StdN

#筆書体 #モリサワ #大見出し

永あ あ

お囃子が奏でられ高座によがる芸人
デザインと文字の関係
Matcha Chocolate
満員御礼
大名屋敷と庭園

粋でいなせ

顔見世興行のチケット

あおぎす
なのぱも
アオサダ
ポミルン
AGag39

游勘亭流
ゆうかんていりゅう

日本語フォントメニュー名：游勘亭流 OTF　文字セット：第一水準漢字＋
英語フォントメニュー名：Yu Kantei OTF

#筆書体 #字游工房 #大見出し

永あ あ

江戸の火消しチームいろは四十八組
デザインと文字の関係
Matcha Chocolate

大名屋敷と庭園

よさこい祭

全日本相撲選手権開催

あおぎす
なのぱも
アオサダ
ポミルン
AGag3

和風

粋

かわいい
楽しい
レトロ
物語性
粋 和風
パワフル
やさしい
洗練
風格
信頼感
読ませる

ひげ文字
ひげもじ

日本語フォントメニュー名：A-OTF ひげ文字 Std　文字セット：A-J1-3(Std)
英語フォントメニュー名：A-OTF Higemoji Std

#筆書体 #モリサワ #大見出し

永あ
あ

あおぎす
なのぱも
アオサダ
ポミルン
AGag3

ディープな魅力溢れるよろず屋横T
デザインと文字の関係
Matcha Chocolate
謹賀新年
大名屋敷と庭園

全日本名城クイズ決勝
板前にぎり

良寛（本明朝用）
りょうかんほんみんちょうよう

日本語フォントメニュー名：Ro良寛 Std　文字セット：-（かな書体）
英語フォントメニュー名：Ro Ryokan Std

#かな明朝体 #タイプバンク #短文 #小見出し #大見出し

※漢字は本明朝

永あ
あ あ あ あ
L M B E

あ お ぎ す
な の ぱ も
ア オ サ ダ
ポ ミ ル ン
AGag39

燈籠鬢に簪と櫛を挿した浮世絵美人 L
デザインと文字の関係 M
Autumn Sky of Kyoto M

吾輩は猫である。名前はまだ無い。どこで生
れたかとんと見当がつかぬ。何でも薄暗いじ
めじめした所でニャーニャー泣いていた事だ
けは記憶している。吾輩はここで始めて人間

大名屋敷と庭園 E

都を闊歩するかぶき者 L
さくら吹雪 B
M

63

どら焼き
白小豆
つぶあん

どら焼き
紅茶
こしあん

解ミン月

小

どら焼き
れもん
こしあん

どら焼き
大納言
つぶあん

ヒラギノ行書

パワフル
肉声感

かわいい

楽しい

レトロ

物語性

和風

パワフル
肉声感

やさしい

洗練

風格

信頼感

読ませる

アンチック AN
あんちっくえいえぬ

日本語フォントメニュー名：A-OTF アンチック Std AN　文字セット：-（かな書体）
英語フォントメニュー名：A-OTF Antique Std AN

#かな明朝体　#モリサワ　#短文　#小見出し　#大見出し

※漢字はゴシックMB101

永　あ

あ (L)　あ (R)　あ (M)　あ (DB)
あ (B)　あ (H)　あ (U)

あおぎす
なのぱも
アオサダ
ポミルン
AGag39

俺が来たからには悪事は許さないぜ (L)

デザインと文字の関係 (DB)

SUPER BLACK FRIDAY (M)

吾輩は猫である。名前はまだ無い。どこで生
れたかとんと見当がつかぬ。何でも薄暗いじ
めじめした所でニャーニャー泣いていた事だ
けは記憶している。吾輩はここで始めて人間 (R U H)

ガツ盛り牛丼膳 (B)

ガツンとかましてやる (U)

想いは届く (H)

昭和楷書
しょうわかいしょ

日本語フォントメニュー名：A_KSO 昭和楷書　文字セット：A-J1-3(Std)
英語フォントメニュー名：A_KsoKaisho

#筆書体　#昭和書体　#小見出し　#大見出し

永　あ

あ

あおぎす
なのぱも
アオサダ
ポミルン
AGag39

行司が「はっきよい」と声をかける

デザインと文字の関係

SUPER BLACK FRIDAY

吾輩は猫である。名前はまだ無い。どこで生
れたかとんと見当がつかぬ。何でも薄暗いじ
めじめした所でニャーニャー泣いていた事だ
けは記憶している。吾輩はここで始めて人間

ガツ盛り牛丼膳

いざ尋常に勝負すべし

百連ガチャ

かわいい

楽しい

レトロ

物語性

和風

パワフル
肉声感

やさしい

洗練

風格

信頼感

読ませる

パワフル
肉声感

秀英にじみ四号太かな
しゅうえいにじみよんごうふとかな

日本語フォントメニュー名：A P-OTF 秀英にじみ四号太 StdN　文字セット：A-J1-3(StdN)
英語フォントメニュー名：A P-OTF Shuei N4goBKana StdN

#明朝体　#モリサワ　#大見出し

永あ
あ

ひゅうと口笛を吹いてから身構えた

デザインと文字の関係

BLACK FRIDAY

いだてん

あおぎす
なのぱも
アオサダ
ポミルン
AGag39

ガツ盛り牛丼膳

私の決意は揺るがない

待ちたまえ

ぶらっしゅ

日本語フォントメニュー名：Ro ぶらっしゅ Std　文字セット：A-J1-3(Std)
英語フォントメニュー名：Ro Brush Std

#デザイン書体　#タイプバンク　#大見出し

永あ
あ

大船に乗ったつもりでまかせなさい

デザインと文字の関係

BLACK FRIDAY

大爆発だ

あおぎす
なのぱも
アオサダ
ポミルン
AGag3

ガツ盛り牛丼膳

拙者はまんぷく侍なり

くらえ剣玉

パワフル
肉声感

かわいい
楽しい
レトロ
物語性
和風
パワフル 肉声感
やさしい
洗練
風格
信頼感
読ませる

ゴシック MB101
ごしっくえむびぃいちまるいち

日本語フォントメニュー名：A P-OTF ゴシック MB101 Pr6N　文字セット：A-J1-7(Pr6N)
英語フォントメニュー名：A P-OTF Gothic MB101 Pr6N

#ゴシック体　#モリサワ　#本文　#短文　#小見出し　#大見出し

永あ
あ あ あ あ
L R M DB
あ あ あ
B H U

▶ p.121

今月のスローガン「安全を第一に」 M
ガツ盛り牛丼膳 B

剣閃
けんせん

日本語フォントメニュー名：A P-OTF 剣閃 StdN　文字セット：A-J1-3(StdN)
英語フォントメニュー名：A P-OTF Kensen StdN

#デザイン書体　#モリサワ　#大見出し

永あ
あ

▶ p.55

死角に狙い撃ち豪速球スマッシュ！
ガツ盛り牛丼膳

Role Slab Banner Pro
ろーるすらぶばなーぷろ

日本語フォントメニュー名：Role Slab Banner Pro　文字セット：Pro（ラテン）
英語フォントメニュー名：Role Slab Banner Pro

#Serif　#モリサワ　#短文　#小見出し　#大見出し

Aa3

World Championship
Bold

AS YOUNG READERS LIKE TO KNOW "HOW PEOPLE LOOK," we will take this moment to give them a little sketch of the four sisters, who sat knitting away in the twilight, *while the December snow fell quietly without, and the fire crackled cheerfully within.*
Regular & Italic

a a a
Thin ExtraLight Light

a **a** **a**
Regular Medium Bold

a **a** **a**
ExtraBold Heavy Black

a *a* *a*
Thin ExtraLight Light
Italic Italic Italic

a *a* *a*
Italic Medium Bold
Italic Italic

a *a* *a*
ExtraBold Heavy Black Italic
Italic Italic

If you can dream it, you can do it!
ExtraBold Italic

Hamburgefonstiv 1726
Thin

GRAVITY ENGINE
Light & Black

かわいい
楽しい
レトロ
物語性
和風
パワフル
躍動感
やさしい
洗練
風格
信頼感
読ませる

パワフル
躍動感

黒龍 こくりゅう	日本語フォントメニュー名：A_KSO 黒龍　文字セット：A-J1-3(Std)
	英語フォントメニュー名：A_KsoKokuryu

`#デザイン書体` `#昭和書体` `#大見出し`

永あ
あ

凶悪ヴィランとの壮絶バトルが勃発

デザインと文字の関係

BLACK FRIDAY

竜騰虎闘

ガツ盛り牛丼膳

雲海を超え天を翔けよ

繰り出す技

あおぎず
なのぱも
アオサダ
ポミルン
AGag39

イカヅチ	日本語フォントメニュー名：A P-OTF イカヅチ StdN　文字セット：A-J1-3(StdN)
	英語フォントメニュー名：A P-OTF Ikazuchi StdN

`#デザイン書体` `#モリサワ` `#大見出し`

永あ
あ

サウンドを体感できる劇場爆音上映

デザインと文字の関係

BLACK FRIDAY

ドッカン

ガツ盛り牛丼膳

波に乗ってサーフィン

大恐竜時代

あおぎず
なのぱも
アオサダ
ポミルン
AGag3

パワフル
躍動感

かわいい

楽しい

レトロ

物語性

和風

パワフル
躍動感

やさしい

洗練

風格

信頼感

読ませる

| ゼンゴN | 日本語フォントメニュー名：A-OTF ゼンゴN Std　文字セット：-（かな書体） |
| ぜんごえぬ | 英語フォントメニュー名：A-OTF ZenGoN Std |

#かなゴシック体　#モリサワ　#短文　#小見出し　#大見出し

※漢字はゴシックMB101

永あ
あ あ あ あ
L R M DB
あ あ あ
B H U

あおぎすなのぱもアオサダポミルンAGag3

よーいドンで一斉に全力のダッシュ
L

デザインと文字の関係
DB

SUPER BLACK FRIDAY
DB

吾輩は猫である。名前はまだ無い。どこで生れたかとんと見当がつかぬ。何でも薄暗いじめじめした所でニャーニャー泣いていた事だけは記憶している。吾輩はここで始めて人間
R U B

ガツ盛り牛丼膳
H

汗と涙ほとばしる青春 歳末セール

| Rubberblade | 日本語フォントメニュー名：MO Rubberblade　文字セット：-（ラテン） |
| らばーぶれーど | 英語フォントメニュー名：MO Rubberblade |

#Display　#モリサワ　#大見出し

Aa3

Ultra　Ultra Italic

Championship
Ultra Italic

Play now!
Ultra

The next big hit
Ultra Italic

Hamburgefonstiv 1726
Ultra

HIP-HOP DANCE
Ultra

パワフル
無骨

ハルクラフト

日本語フォントメニュー名：A-OTF ハルクラフト Std　文字セット：A-J1-3(Std)
英語フォントメニュー名：A-OTF Harucraft Std

#デザイン書体　#モリサワ　#大見出し

永あ
あ

マグマが冷えて固まったのが火成岩

デザインと文字の関係

BLACK FRIDAY

昔ながら

和太鼓を叩いて鳴らせ

大腿四頭筋

あおぎす
なのぱも
アオサダ
ポミルン
AGag3

ガツ盛り牛丼膳

黒曜
こくよう

日本語フォントメニュー名：A P-OTF 黒曜 StdN　文字セット：A-J1-3(StdN)
英語フォントメニュー名：A P-OTF Kokuyou StdN

#デザイン書体　#モリサワ　#大見出し

永あ
あ

立ちはだかる壁はこの拳でブチ破れ

デザインと文字の関係

BLACK FRIDAY

秘境探検

跳ねるより遠くに飛べ

豚骨極太麺

あおぎす
なのぱも
アオサダ
ポミルン
AGag39

ガツ盛り牛丼膳

竹 (たけ)

日本語フォントメニュー名：A-OTF 竹 Std　文字セット：A-J1-3(Std)
英語フォントメニュー名：A-OTF Take Std

#デザイン書体　#モリサワ　#小見出し　#大見出し

永あ
ああああ
L M B H

ツキノワグマと対峙するマタギたち L
デザインと文字の関係 B
SUPER BLACK FRIDAY M

吾輩は猫である。名前はまだ無い。どこで生
れたかとんと見当がつかぬ。何でも薄暗いじ
めじめした所でニャーニャー泣いていた事だ
けは記憶している。吾輩はここで始めて人間 L

かち割り氷を山盛りで
落石要注意
B M

あおぎす
なのぱも
アオサダ
ポミルン
AGag39

ガツ盛り牛丼膳 H

ナウ（明朝） (なうみんちょう)

日本語フォントメニュー名：Ro ナウ Std MM　文字セット：A-J1-3(Std)
英語フォントメニュー名：Ro NOW Std MM

#明朝体　#タイプバンク　#短文　#小見出し　#大見出し

永あ
ああああ
MM MB ME MU

前人未到最高難度の終焉ダンジョン MM
デザインと文字の関係 MB
SUPER BLACK FRIDAY MM

吾輩は猫である。名前はまだ無い。どこで生
れたかとんと見当がつかぬ。何でも薄暗いじ
めじめした所でニャーニャー泣いていた事だ
けは記憶している。吾輩はここで始めて人間

鉱夫はツルハシで掘る
無人島生活
MM ME MB

あおぎす
なのぱも
アオサダ
ポミルン
AGag39

ガツ盛り牛丼膳 MU

かわいい
楽しい
レトロ
物語性
和風
パワフル
無骨
やさしい
洗練
風格
信頼感
読ませる

かわいい
楽しい
レトロ
物語性
和風
パワフル
無骨
やさしい
洗練
風格
信頼感
読ませる

パワフル
無骨

ヒラギノ角ゴ オールド
ひらぎのかくごおーるど

日本語フォントメニュー名：ヒラギノ角ゴオールド StdN　文字セット：A-J1-3(StdN)
英語フォントメニュー名：Hiragino Sans Old StdN

#ゴシック体　#ヒラギノ　#短文　#小見出し　#大見出し

永あ
あ あ あ あ
W6 W7 W8 W9

手斧を勢いよく振りかぶって薪割り W6

デザインと文字の関係 W6

SUPER BLACK FRIDAY W6

吾輩は猫である。名前はまだ無い。どこで生れたかとんと見当がつかぬ。何でも薄暗いじめじめした所でニャーニャー泣いていた事だけは記憶している。吾輩はここで始めて人間
W6　　W8　　W7

あおぎす
なのぱも
アオサダ
ポミルン
AGag3

ガツ盛り牛丼膳 W9

豪快にガハハと笑った 獣道をゆけ

G2サンセリフ
じーつーさんせりふ

日本語フォントメニュー名：RoG2サンセリフ StdN　文字セット：A-J1-3(StdN)
英語フォントメニュー名：Ro GSan Serif StdN

#デザイン書体　#タイプバンク　#小見出し　#大見出し

永あ
あ あ
B U

▶ p.47

過酷を極めるサイクルロードレース B

ガツ盛り牛丼膳 U

ひげ文字
ひげもじ

日本語フォントメニュー名：A-OTF ひげ文字 Std　文字セット：A-J1-3(Std)
英語フォントメニュー名：A-OTF Higemoji Std

#筆書体　#モリサワ　#大見出し

▶ p.63

臭い・汚れ激落ち換気扇クリーナー

ガツ盛り牛丼膳

VibeMO Pro
うぁいぶえむおーぷろ

日本語フォントメニュー名：VibeMO Pro　文字セット：Pro（ラテン）
英語フォントメニュー名：VibeMO Pro

#Sans Serif　#モリサワ　#短文　#小見出し　#大見出し

Aa3

a Thin　a Light　a Medium

a Bold　a Ultra

a Light Italic　a Medium Italic　a Bold Italic

World Championship
Medium

As young readers like to know "HOW PEOPLE LOOK," we will take this moment to give them a little sketch of the four sisters, who sat knitting away in the twilight, *while the December snow fell quietly without, and the fire crackled cheerfully within.* Light & Light Italic

Every obstacle is a stepping stone.
Bold Italic

Hamburgefonstiv 1726
Thin

READY TO **PLAY**
Thin & Ultra

Tapir Pro
たぴあーぷろ

日本語フォントメニュー名：Tapir Pro　文字セット：Pro（ラテン）
英語フォントメニュー名：Tapir Pro

#Sans Serif　#モリサワ　#短文　#小見出し　#大見出し

Aa3
▶ p.27

Hamburgefonstiv 1726
ExtraLight

Puzzles **& Riddles**
Light & Heavy

Vonk Pro
ふぉんくぷろ

日本語フォントメニュー名：Vonk Pro　文字セット：Pro（ラテン）
英語フォントメニュー名：Vonk Pro

#Serif　#モリサワ　#短文　#小見出し　#大見出し

Aa3
▶ p.103

Hamburgefonstiv 1726
Medium

Valley **Adventure**
Regular & Heavy

かわいい

楽しい

レトロ

物語性

和風

パワフル
無骨

やさしい

洗練

風格

信頼感

読ませる

全クリア
やったぜ

NICE!

ドンッ!
バターン

Yes?

No!

OMG

今度こそ
絶対に
負けねー!

大怪獣
がオオオ…

やさしい
温かみ

じゅん

日本語フォントメニュー名：A P-OTF じゅん ProN　文字セット：A-J1-4(ProN)
英語フォントメニュー名：A P-OTF Jun ProN

#丸ゴシック体　#モリサワ　#本文　#短文　#小見出し　#大見出し

永あ
ああああ
101 201 34 501

あおぎす
なのぱも
アオサダ
ポミルン
AGag39

心のこもった手づくりのプレゼント 101
デザインと文字の関係 34
New Handmade Marché 201

吾輩は猫である。名前はまだ無い。どこで生れたかとんと見当がつかぬ。何でも薄暗いじめじめした所でニャーニャー泣いていた事だけは記憶している。吾輩はここで始めて人間 101 34 201

優しい香りの雨 501

患者のサポートとケア
生きもの係

秀英丸ゴシック
しゅうえいまるごしっく

日本語フォントメニュー名：A P-OTF 秀英丸ゴシック StdN　文字セット：A-J1-3(StdN)
英語フォントメニュー名：A P-OTF Shuei MaruGo StdN

#丸ゴシック体　#モリサワ　#短文　#小見出し　#大見出し

永あ
あ あ
L B

あおぎす
なのぱも
アオサダ
ポミルン
AGag39

うららかな陽気にコートを脱いだら L
デザインと文字の関係 B
New Handmade Marché L

吾輩は猫である。名前はまだ無い。どこで生れたかとんと見当がつかぬ。何でも薄暗いじめじめした所でニャーニャー泣いていた事だけは記憶している。吾輩はここで始めて人間 L B L

優しい香りの雨 B

慈愛に満ちた表情の像
真冬の台所 L B L

かわいい / 楽しい / レトロ / 物語性 / 和風 / パワフル / やさしい温かみ / 洗練 / 風格 / 信頼感 / 読ませる

75

かわいい
楽しい
レトロ
物語性
和風
パワフル
やさしい
温かみ
洗練
風格
信頼感
読ませる

UDデジタル教科書体
ゆーでぃーでじたるきょうかしょたい

日本語フォントメニュー名：UDデジタル教科書体 ProN　文字セット：A-J1-4(ProN)
英語フォントメニュー名：UDDigiKyokasho ProN

#UD書体　#タイプバンク　#本文　#短文　#小見出し　#大見出し

永あ
あ あ あ
R M B H

あおぎす
なのぱも
アオサダ
ポミルン
AGag39

子狐は急にお母さんが恋しくなって R

デザインと文字の関係 B

New Handmade Marché R

吾輩は猫である。名前はまだ無い。どこで生
れたかとんと見当がつかぬ。何でも薄暗いじ
めじめした所でニャーニャー泣いていた事だ
けは記憶している。吾輩はここで始めて人間

優しい香りの雨 H

マイルドなコクの珈琲

もみほぐし R B M

秀英角ゴシック金
しゅうえいかくごしっくきん

日本語フォントメニュー名：A P-OTF 秀英角ゴシック金 StdN　文字セット：A-J1-3(StdN)
英語フォントメニュー名：A P-OTF Shuei KakuGo Kin StdN

#ゴシック体　#モリサワ　#本文　#短文　#小見出し

永あ
あ あ あ
L M B

▶ p.132

相手の話を心穏やかに傾聴する姿勢 M

優しい香りの雨 B

トーキング

日本語フォントメニュー名：A P-OTF トーキング StdN　文字セット：A-J1-3(StdN)
英語フォントメニュー名：A P-OTF Talking StdN

#デザイン書体　#モリサワ　#短文　#小見出し　#大見出し

永あ
あ

▶ p.51

こんなに嬉しい日は今までなかった

優しい香りの雨

やさしい
温かみ

かわいい
楽しい
レトロ
物語性
和風
パワフル
やさしい 温かみ
洗練
風格
信頼感
読ませる

| Lima PE | 日本語フォントメニュー名：Lima PE　文字セット：PE（ラテン） |
| りーまぴーいー | 英語フォントメニュー名：Lima PE |

#Serif　#モリサワ　#本文　#短文　#小見出し　#大見出し

Aa3

a Regular　a Medium　a Bold

a Italic　*a* Medium Italic　*a* Bold Italic

Cold Hands, Warm Heart
Medium

AS YOUNG READERS LIKE TO KNOW "HOW PEOPLE LOOK," we will take this moment to give them a little sketch of the four sisters, who sat knitting away in the twilight, *while the December snow fell quietly without, and the fire crackled cheerfully within.*
Regular & Italic

Living in harmony with nature
Bold Italic

Hamburgefonstiv 1726
Regular

Wooden Chair
Regular & Bold

| Concert Pro | 日本語フォントメニュー名：Concert Pro　文字セット：Pro（ラテン） |
| こんさーとぷろ | 英語フォントメニュー名：Concert Pro |

#Sans Serif　#モリサワ　#短文　#小見出し　#大見出し

Aa3

a Light　a Regular　a Bold

a Black

a Light Italic　*a* Italic　*a* Bold Italic

a Black Italic

Cold Hands, Warm Heart
Bold

AS YOUNG READERS LIKE TO KNOW "HOW PEOPLE LOOK," we will take this moment to give them a little sketch of the four sisters, who sat knitting away in the twilight, *while the December snow fell quietly without, and the fire crackled cheerfully within.*
Regular & Italic

Do all things with love & kindness
Bold Italic

Hamburgefonstiv 1726
Light

Trampoline Park
Light & Black

77

かわいい
楽しい
レトロ
物語性
和風
パワフル
やさしい
しっとり
洗練
風格
信頼感
読ませる

やさしい
しっとり

A1ゴシック
えいわんごしっく

日本語フォントメニュー名：A P-OTF A1ゴシック Std　文字セット：A-J1-3(Std)
英語フォントメニュー名：A P-OTF A1Gothic Std

#ゴシック体　#モリサワ　#短文　#小見出し　#大見出し

永あ
ああああ
L R M B

あおぎす
なのぱも
アオサダ
ポミルン
AGag39

風に耳をすます長閑で穏やかな時間

デザインと文字の関係

New Handmade Marché

吾輩は猫である。名前はまだ無い。どこで生
れたかとんと見当がつかぬ。何でも薄暗いじ
めじめした所でニャーニャー泣いていた事だ
けは記憶している。吾輩はここで始めて人間

優しい香りの雨

手に馴染む父のカバン

あけぼの坂

秀英にじみ丸ゴシック
しゅうえいにじみまるごしっく

日本語フォントメニュー名：A P-OTF 秀英にじみ丸ゴ StdN　文字セット：A-J1-3(StdN)
英語フォントメニュー名：A P-OTF Shuei NijimiMGo StdN

#丸ゴシック体　#モリサワ　#小見出し　#大見出し

永あ
あ

あおぎす
なのぱも
アオサダ
ポミルン
AGag39

ソロモンの雅歌に登場する百合の花

デザインと文字の関係

New Handmade Marché

吾輩は猫である。名前はまだ無い。どこで生
れたかとんと見当がつかぬ。何でも薄暗いじ
めじめした所でニャーニャー泣いていた事だ
けは記憶している。吾輩はここで始めて人間

優しい香りの雨

舞う桜をじいっと見る

藍染め体験

かわいい

楽しい

レトロ

物語性

和風

パワフル

やさしい
しっとり

洗練

風格

信頼感

読ませる

解ミン宙
かいみんそら

日本語フォントメニュー名：A P-OTF 解ミン宙 StdN　文字セット：A-J1-3(StdN)
英語フォントメニュー名：A P-OTF Kaimin Sora StdN

#デザイン書体　#モリサワ　#短文　#小見出し　#大見出し

永あ
あ あ あ あ
R M B H

あおぎす
なのぱも
アオサダ
ポミルン
AGag39

鶺鴒がチチチッと鳴いて地面を歩く R

デザインと文字の関係 M

New Handmade Marché R

吾輩は猫である。名前はまだ無い。どこで生
れたかとんと見当がつかぬ。何でも薄暗いじ
めじめした所でニャーニャー泣いていた事だ
けは記憶している。吾輩はここで始めて人間

優しい香りの雨 H

久方ぶりの甘雨が降る
蟹あんかけ
R B M

Rocio Pro
ろしおぷろ

日本語フォントメニュー名：Rocio Pro　文字セット：Pro（ラテン）
英語フォントメニュー名：Rocio Pro

#Rounded　#モリサワ　#短文　#小見出し　#大見出し

Aa3

a a a
Regular Medium Bold

a
Heavy

a a a
Italic Medium Bold Italic
Italic

a
Heavy
Italic

Cold Hands, Warm Heart
Medium

As young readers like to know "HOW PEOPLE LOOK," we will take this
moment to give them a little sketch of the four sisters, who sat
knitting away in the twilight, *while the December snow fell quietly
without, and the fire crackled cheerfully within.*
Regular & Italic

Arts & Crafts Workshop for Kids
Bold Italic

Hamburgefonstiv 1726
Regular

Birthday Wishes
Italic & Heavy Italic

かわいい
楽しい
レトロ
物語性
和風
パワフル
やさしい
さらり
洗練
風格
信頼感
読ませる

やさしい
さらり

白妙
しろたえ

日本語フォントメニュー名：A P-OTF 白妙 StdN　文字セット：A-J1-3(StdN)
英語フォントメニュー名：A P-OTF Shirotae StdN

#デザイン書体　#モリサワ　#短文　#小見出し　#大見出し

永あ
あL あM

あおぎす
なのぱも
アオサダ
ポミルン
AGag39

気の利いたジョークで緊張が解ける L

デザインと文字の関係 M

New Handmade Marché L

吾輩は猫である。名前はまだ無い。どこで生
れたかとんと見当がつかぬ。何でも薄暗いじ
めじめした所でニャーニャー泣いていた事だ
けは記憶している。吾輩はここで始めて人間

優しい香りの雨 M

お元気にしていますか M

青リンゴ酢 L L

小琴 遊かな
こきんゆうかな

日本語フォントメニュー名：A P-OTF 小琴遊かな StdN　文字セット：A-J1-3(StdN)
英語フォントメニュー名：A P-OTF KokinYukana StdN

#デザイン書体　#モリサワ　#短文　#小見出し　#大見出し

永あ
あ

あおぎす
なのぱも
アオサダ
ポミルン
AGag39

そっとヒントを書いた付箋を見せた

デザインと文字の関係

New Handmade Marché

吾輩は猫である。名前はまだ無い。どこで生
れたかとんと見当がつかぬ。何でも薄暗いじ
めじめした所でニャーニャー泣いていた事だ
けは記憶している。吾輩はここで始めて人間

優しい香りの雨

あたらしい朝の始まり

春雨サラダ

かわいい

楽しい

レトロ

物語性

和風

パワフル

やさしい
さらり

洗練

風格

信頼感

読ませる

ぺんぱる

日本語フォントメニュー名：A P-OTF ぺんぱる StdN　文字セット：A-J1-3(StdN)
英語フォントメニュー名：A P-OTF Penpal StdN

#デザイン書体　#モリサワ　#短文　#小見出し　#大見出し

永あ
あ

あおぎすも
なのぱもダ
アオサダ
ポミルン
AGag39

赤ペンで一言入れて褒めて伸ばそう

デザインと文字の関係

New Handmade Marché

吾輩は猫である。名前はまだ無い。どこで生
れたかとんと見当がつかぬ。何でも薄暗いじ
めじめした所でニャーニャー泣いていた事だ
けは記憶している。吾輩はここで始めて人間

優しい香りの雨

おばあちゃん定番料理

自家製だし

みちくさ

日本語フォントメニュー名：A P-OTF みちくさ StdN　文字セット：A-J1-3(StdN)
英語フォントメニュー名：A P-OTF Michikusa StdN

#デザイン書体　#モリサワ　#短文　#小見出し　#大見出し

永あ
あ

▶ p.58

そっけない顔して差し伸べられた手

優しい香りの雨

プフ ホリデー

日本語フォントメニュー名：A P-OTF プフ ホリデー Min2　文字セット：Min2
英語フォントメニュー名：A P-OTF PuhuHoliday Min2

#デザイン書体　#モリサワ　#短文　#小見出し　#大見出し

永あ
あ

▶ p.21

赤ちゃんのおしりさらり安心ガード

優しい香りの雨

ひのき
Hinoki

オーガニック・ハンドクリーム
organic hand cream

ユ
Euc

オーガニック・
organic ha

よもぎ
Yomogi

オーガニック・ハンドクリーム
organic hand cream

Wild Pine

organic hand cream

レモン
Lemon

オーガニック・ハンドクリーム
organic hand cream

A1ゴシック - Lima PE

白砂

秀英丸ゴシック - Rocío Pro

Concert Pro

洗練
優美

かわいい

楽しい

レトロ

物語性

和風

パワフル

やさしい

洗練
優美

風格

信頼感

読ませる

A1明朝
えいわんみんちょう

日本語フォントメニュー名：A-OTF A1明朝 Std　文字セット：A-J1-3(Std)
英語フォントメニュー名：A-OTF A1 Mincho Std

#明朝体　#モリサワ　#短文　#小見出し　#大見出し

永 あ
ぁ

あおぎす
なのぱも
アオサダ
ポミルン
AGag39

優雅なチャイナドレスを着た貴婦人

デザインと文字の関係

Invitation to Rose Garden

吾輩は猫である。名前はまだ無い。どこで生
れたかとんと見当がつかぬ。何でも薄暗いじ
めじめした所でニャーニャー泣いていた事だ
けは記憶している。吾輩はここで始めて人間

上質な髪の輝き

花のもとにて春死なむ

美容液成分

霞白藤
かすみしらふじ

日本語フォントメニュー名：A P-OTF 霞白藤 Min2　文字セット：Min2
英語フォントメニュー名：A P-OTF Kasumi ShirafujiMin2

#明朝体　#モリサワ　#短文　#小見出し　#大見出し

永 あ
あ あ あ
L R M B

あおぎす
なのぱも
アオサダ
ポミルン
AGag39

バイオリン曲の格調高雅なメロディ L

デザインと文字の関係 M

Invitation to Rose Garden R

吾輩は猫である。名前はまだ無い。どこで生
れたかとんと見当がつかぬ。何でも薄暗いじ
めじめした所でニャーニャー泣いていた事だ
けは記憶している。吾輩はここで始めて人間
R B M

上質な髪の輝き
B

見返り美人と京都散策

あまい果実

洗練
優美

花蓮華 はなれんげ	日本語フォントメニュー名：RA花蓮華 Std　文字セット：A-J1-3(Std) 英語フォントメニュー名：RA HanaRenge Std

#筆書体　#タイプバンク　#本文　#短文　#小見出し　#大見出し

永 あ
あ あ あ
L M B

娘は鶴になり山の方へと飛び去った
デザインと文字の関係
Invitation to Rose Garden

吾輩は猫である。名前はまだ無い。どこで生れたかとんと見当がつかぬ。何でも薄暗いじめじめした所でニャーニャー泣いていた事だけは記憶している。吾輩はここで始めて人間

リョン製絹ブロケード
淡水パール
上質な髪の輝き

あおぎす
なのぱも
アオサダ
ポミルン
AGag39

光朝 こうちょう	日本語フォントメニュー名：A-OTF 光朝 Std　文字セット：A-J1-3(Std) 英語フォントメニュー名：A-OTF Kocho Std

#明朝体　#モリサワ　#大見出し

永 あ
あ

なめらかな曲線のミロのヴィーナス
デザインと文字の関係
Invitation to Garden
魅惑の壺

モダン建築の技術発展
胡蝶らん展
上質な髪の輝き

あおぎす
なのぱも
アオサダ
ポミルン
AGag39

洗練
優美

かわいい

楽しい

レトロ

物語性

和風

パワフル

やさしい

洗練
優美

風格

信頼感

読ませる

欧体楷書
おうたいかいしょ

日本語フォントメニュー名：A P-OTF 欧体楷書 StdN　文字セット：A-J1-3(StdN)
英語フォントメニュー名：A P-OTF Outai Kaisho StdN

#筆書体　#モリサワ　#短文　#小見出し　#大見出し

永あ
あ

あ お ぎ す
な の ぱ も
ア オ サ ダ
ポ ミ ル ン
AGag39

レリーフが浮かぶポートランドの壺

デザインと文字の関係

Invitation to Rose Garden

吾輩は猫である。名前はまだ無い。どこで生
れたかとんと見当がつかぬ。何でも薄暗いじ
めじめした所でニャーニャー泣いていた事だ
けは記憶している。吾輩はここで始めて人間

上 質 な 髪 の 輝 き

結婚披露宴

シルクロードへ続く道

オーブ

日本語フォントメニュー名：TBオーブ Std　文字セット：A-J1-3(Std)
英語フォントメニュー名：TBOrb Std

#デザイン書体　#タイプバンク　#短文　#小見出し　#大見出し

永あ
あ

▶ p.43

白い綿モスリンのワンピースドレス

上質な髪の輝き

白妙 オールド
しろたえおーるど

日本語フォントメニュー名：A P-OTF 白妙 オールド StdN　文字セット：A-J1-3(StdN)
英語フォントメニュー名：A P-OTF Shirotae Old StdN

#デザイン書体　#モリサワ　#短文　#小見出し　#大見出し

永あ
あ
L

あ
M

▶ p.57

吉祥柄の衵扇で顔を隠した平安女房
L

上質な髪の輝き
M

洗練
優美

BodoniMO Pro
ぼどにえむおーぷろ

日本語フォントメニュー名：BodoniMO Pro　文字セット：Pro（ラテン）
英語フォントメニュー名：BodoniMO Pro

#Serif　#モリサワ　#短文　#小見出し　#大見出し

Aa3

a Regular　a Bold

a Italic　*a* Bold Italic

Luxury Afternoon Tea
Bold

As young readers like to know "HOW PEOPLE LOOK," we will take this moment to give them a little sketch of the four sisters, who sat knitting away in the twilight, *while the December snow fell quietly without, and the fire crackled cheerfully within.*
Regular & Italic

SPRING & SUMMER NEW ITEMS
Bold Italic

Hamburgefonstiv 1726
Regular

Runway Showcase
Regular & Bold

Cetra Display Pro
ちぇとらでぃすぷれいぷろ

日本語フォントメニュー名：Cetra Display Pro　文字セット：Pro（ラテン）
英語フォントメニュー名：Cetra Display Pro

#Sans Serif　#モリサワ　#小見出し　#大見出し

Aa3

a Regular　a Medium　a Bold

a Italic　*a* Medium Italic　*a* Bold Italic

Luxury Afternoon Tea
Medium

As young readers like to know "HOW PEOPLE LOOK," we will take this moment to give them a little sketch of the four sisters, who sat knitting away in the twilight, *while the December snow fell quietly without, and the fire crackled cheerfully within.*
Regular & Italic

Sterling Silver Jewelry Collection
Bold Italic

Hamburgefonstiv 1726
Regular

BLUEBERRY FLAVOR
Regular & Bold

洗練
きらびやか

かわいい

楽しい

レトロ

物語性

和風

パワフル

やさしい

洗練
きらびやか

風格

信頼感

読ませる

徐明
じょみん

日本語フォントメニュー名：A-OTF 徐明 Std　文字セット：A-J1-3(Std)
英語フォントメニュー名：A-OTF Jomin Std

#デザイン書体　#モリサワ　#短文　#小見出し　#大見出し

永あ
あ

あおぎす
なのぱも
アオサダ
ポミルン
AGag39

きらめくクリスマス・ウエディング

デザインと文字の関係

Invitation to Rose Garden

吾輩は猫である。名前はまだ無い。どこで生
れたかとんと見当がつかぬ。何でも薄暗いじ
めじめした所でニャーニャー泣いていた事だ
けは記憶している。吾輩はここで始めて人間

上質な髪の輝き

黄金で彩られた副葬品

穂を伝う雫

明石
あかし

日本語フォントメニュー名：A-OTF 明石 Std　文字セット：A-J1-3(Std)
英語フォントメニュー名：A-OTF Akashi Std

#デザイン書体　#モリサワ　#短文　#小見出し　#大見出し

永あ
あ

あおぎす
なのぱも
アオサダ
ポミルン
AGag39

まばゆい宝飾品が並ぶショーケース

デザインと文字の関係

Invitation to Rose Garden

吾輩は猫である。名前はまだ無い。どこで生
れたかとんと見当がつかぬ。何でも薄暗いじ
めじめした所でニャーニャー泣いていた事だ
けは記憶している。吾輩はここで始めて人間

上質な髪の輝き

プレイ・オブ・カラー

基礎化粧品

87

かわいい

楽しい

レトロ

物語性

和風

パワフル

やさしい

洗練
きらびやか

風格

信頼感

読ませる

洗練
きらびやか

エコー

日本語フォントメニュー名：TB エコー Std　文字セット：A-J1-3(Std)
英語フォントメニュー名：TBEcho Std

#デザイン書体　#タイプバンク　#短文　#小見出し　#大見出し

永あ
あ あ あ
L R B

あおぎす
なのぱも
アオサダ
ポミルン
AGag39

華美を満喫するフランス国王の愛嬢

デザインと文字の関係
B

Invitation to Rose Garden
R

吾輩は猫である。名前はまだ無い。どこで生れたか
とんと見当がつかぬ。何でも薄暗いじめじめした所で
ニャーニャー泣いていた事だけは記憶している。吾輩
はここで始めて人間というものを見た。しかもあとで

上質な髪の輝き

冬季イルミネーション

白樺プラザ
L R B / R / B / R / L

しまなみ

日本語フォントメニュー名：A P-OTF しまなみ StdN　文字セット：A-J1-3(StdN)
英語フォントメニュー名：A P-OTF Shimanami StdN

#明朝体　#モリサワ　#短文　#小見出し　#大見出し

永あ
あ

あおぎす
なのぱも
アオサダ
ポミルン
AGag39

パリで生まれたオペレッタは世界へ

デザインと文字の関係

Invitation to Rose Garden

吾輩は猫である。名前はまだ無い。どこで生
れたかとんと見当がつかぬ。何でも薄暗いじ
めじめした所でニャーニャー泣いていた事だ
けは記憶している。吾輩はここで始めて人間

上質な髪の輝き

煌びやかな仮面舞踏会

生け花教室

洗練
きらびやか

かわいい
楽しい
レトロ
物語性
和風
パワフル
やさしい
洗練
きらびやか
風格
信頼感
読ませる

Role Serif Banner Pro
ろーるせりふばなーぷろ

日本語フォントメニュー名：Role Serif Banner Pro　文字セット：Pro（ラテン）
英語フォントメニュー名：Role Serif Banner Pro

#Serif　#モリサワ　#小見出し　#大見出し

Aa3

a ExtraLight　a Light　a Regular

a Medium　a Bold　a ExtraBold

a Heavy

a ExtraLight Italic　a Light Italic　a Italic

a Medium Italic　a Bold Italic　a ExtraBold Italic

a Heavy Italic

Luxury Afternoon Tea
Medium

AS YOUNG READERS LIKE TO KNOW "HOW PEOPLE LOOK," we will take this moment to give them a little sketch of the four sisters, who sat knitting away in the twilight, *while the December snow fell quietly without, and the fire crackled cheerfully within.*
Regular & Italic

Mermaid Wedding Dresses
ExtraBold Italic

Hamburgefonstiv 1726
ExtraLight

Crystal **Chandelier**
Light & Heavy

Abelha Pro
あべーりゃぷろ

日本語フォントメニュー名：Abelha Pro　文字セット：Pro（ラテン）
英語フォントメニュー名：Abelha Pro

#Script　#モリサワ　#短文　#小見出し　#大見出し

Aa3

a ExtraLight　a Regular　a DemiBold

Luxury Afternoon Tea
DemiBold

AS YOUNG READERS LIKE TO KNOW "HOW PEOPLE LOOK," we will take this moment to give them a little sketch of the four sisters, who sat knitting away in the twilight, while the December snow fell quietly without, and the fire crackled cheerfully within.
Regular

Hamburgefonstiv 1726
ExtraLight

Elegance & Class
ExtraLight & DemiBold

89

かわいい

楽しい

レトロ

物語性

和風

パワフル

やさしい

洗練
クリーン

風格

信頼感

読ませる

洗練
クリーン

| フォーク | 日本語フォントメニュー名：A P-OTF フォーク ProN　文字セット：A-J1-4(ProN)
英語フォントメニュー名：A P-OTF Folk ProN |

#デザイン書体　#モリサワ　#短文　#小見出し　#大見出し

永あ
ああああ
R M B H

あおぎす
なのぱも
アオサダ
ポミルン
AGag39

四万ブルーと呼ばれる幻想的な青色 R

デザインと文字の関係 M

Invitation to Rose Garden R

吾輩は猫である。名前はまだ無い。どこで生
れたかとんと見当がつかぬ。何でも薄暗いじ
めじめした所でニャーニャー泣いていた事だ
けは記憶している。吾輩はここで始めて人間

上質な髪の輝き H

淡く雪化粧をした稜線 R

サロン予約 B

上質な髪の輝き R

| UDタイポス | 日本語フォントメニュー名：UDタイポス515 Std　文字セット：A-J1-3(Std)
英語フォントメニュー名：UDTypos515 Std |

#UD書体　#タイプバンク　#短文　#小見出し　#大見出し

永あ
ああああ
58 510 512 515

あおぎす
なのぱも
アオサダ
ポミルン
AGag3

日本百景に選定された絶景スポット 58

デザインと文字の関係 510

Invitation to Rose Garden 510

吾輩は猫である。名前はまだ無い。どこで生
れたかとんと見当がつかぬ。何でも薄暗いじ
めじめした所でニャーニャー泣いていた事だ
けは記憶している。吾輩はここで始めて人間

上質な髪の輝き 515

白糸のような流水の滝 58

みつめ薬局 512

58

タイプラボN
たいぷらぼえぬ

日本語フォントメニュー名：A-OTF タイプラボN Std 文字セット：-（かな書体）
英語フォントメニュー名：A-OTF TypelaboN Std

#かなゴシック体 #モリサワ #短文 #小見出し #大見出し

※漢字は新ゴ

永あ
あ あ あ あ
L R M DB
あ あ あ
B H U

あおぎす
なのぱも
アオサダ
ポミルン
AGag3

誰もが理解できる簡明なルール設定 L
デザインと文字の関係 DB
Invitation to Rose Garden M

吾輩は猫である。名前はまだ無い。どこで生れたかとんと見当がつかぬ。何でも薄暗いじめじめした所でニャーニャー泣いていた事だけは記憶している。吾輩はここで始めて人間

上質な髪の輝き

単刀直入にお尋ねする R
ビタミン剤 H
（U、B）

カクミン

日本語フォントメニュー名：A-OTF カクミン Pro 文字セット：A-J1-4(Pro)
英語フォントメニュー名：A-OTF Kakumin Pro

#デザイン書体 #モリサワ #短文 #小見出し #大見出し

永あ
あ あ あ あ
R M B H

あおぎす
なのぱも
アオサダ
ポミルン
AGag39

眼の体操をして疲れ目を解消しよう R
デザインと文字の関係 M
Invitation to Rose Garden M

吾輩は猫である。名前はまだ無い。どこで生れたかとんと見当がつかぬ。何でも薄暗いじめじめした所でニャーニャー泣いていた事だけは記憶している。吾輩はここで始めて人間

上質な髪の輝き

はやりのクリアバッグ R
臨床心理士 B
（R、H）

かわいい
楽しい
レトロ
物語性
和風
パワフル
やさしい
洗練 クリーン
風格
信頼感
読ませる

かわいい

楽しい

レトロ

物語性

和風

パワフル

やさしい

洗練
クリーン

風格

信頼感

読ませる

あおとゴシック

日本語フォントメニュー名：A P-OTF あおとゴシック StdN　文字セット：A-J1-3(StdN)
英語フォントメニュー名：A P-OTF Aoto Gothic StdN

#ゴシック体　#モリサワ　#本文　#短文　#小見出し

永あ

あ EL　あ L　あ R　あ M
あ DB　あ B　あ EB

▶ p.135

見渡すかぎりどこまでも続く水平線 R

上質な髪の輝き B

UD新ゴ コンデンス80
ゆーでぃーしんご　こんでんす　はちじゅう

日本語フォントメニュー名：A-OTF UD新ゴコンデ80 Pr6N　文字セット：A-J1-6(Pr6N)
英語フォントメニュー名：A-OTF UD Shin Go Con80 Pr6N

#UD書体　#モリサワ　#短文　#小見出し　#大見出し

永あ

あ EL　あ L　あ R　あ M
あ DB　あ B　あ H　あ U

▶ p.118

しつこい汚れもスッキリ落せる洗剤 R

上質な髪の輝き B

丸フォーク
まるふぉーく

日本語フォントメニュー名：A P-OTF 丸フォーク ProN　文字セット：A-J1-4(ProN)
英語フォントメニュー名：A P-OTF Maru Folk ProN

#デザイン書体　#モリサワ　#短文　#小見出し　#大見出し

永あ

あ R　あ M　あ B　あ H

▶ p.24

超高精細で鮮やかな8Kディスプレイ R

上質な髪の輝き B

翠流ネオロマン
すいりゅうねおろまん

日本語フォントメニュー名：A P-OTF 翠流ネオロマン StdN　文字セット：A-J1-3(StdN)
英語フォントメニュー名：A P-OTF SuiryuNeoroman StdN

#デザイン書体　#モリサワ　#小見出し　#大見出し

永あ

あ

▶ p.39

クリアに星座を映し出す恒星投影機

上質な髪の輝き

Role Sans Banner Pro
ろーるさんずばなーぷろ

日本語フォントメニュー名：Role Sans Banner Pro　　文字セット：Pro（ラテン）
英語フォントメニュー名：Role Sans Banner Pro

#Sans Serif　#モリサワ　#短文　#小見出し　#大見出し

Aa3

a	a	a
Thin	ExtraLight	Light
a	a	a
Regular	Medium	Bold
a	a	
ExtraBold	Heavy	
a	a	a
Thin Italic	ExtraLight Italic	Light Italic
a	a	a
Italic	Medium Italic	Bold Italic
a	a	
ExtraBold Italic	Heavy Italic	

Luxury Afternoon Tea
Bold

AS YOUNG READERS LIKE TO KNOW "HOW PEOPLE LOOK," we will take this moment to give them a little sketch of the four sisters, who sat knitting away in the twilight, *while the December snow fell quietly without, and the fire crackled cheerfully within.*
Regular & Italic

Pharmaceutical Science
ExtraBold Italic

Hamburgefonstiv 1726
Medium

DENTAL **CLINIC**
Light & Heavy

Cetra Text Pro
ちぇとらてきすとぷろ

日本語フォントメニュー名：Cetra Text Pro　　文字セット：Pro（ラテン）
英語フォントメニュー名：Cetra Text Pro

#Sans Serif　#モリサワ　#本文　#短文　#小見出し

Aa3

a	a	a
Regular	Medium	Bold
a	a	a
Italic	Medium Italic	Bold Italic

Luxury Afternoon Tea
Medium

As young readers like to know "HOW PEOPLE LOOK," we will take this moment to give them a little sketch of the four sisters, who sat knitting away in the twilight, *while the December snow fell quietly without, and the fire crackled cheerfully within.*
Regular & Italic

A Glass of Chardonnay
Bold Italic

Hamburgefonstiv 1726
Regular

NEW **FRAGRANCE**
Regular & Bold

純米酒きらり
KIRARI

清酒
500ml

カクミゾ, Cetra Display Pro

スパークリング清酒

金曜日のごほうび

Sparkling

A1明朝, Abetha Pro

AWAIRO

あわ色の夢

純米吟醸

AWAIRO

しまなみ, Cetra Display Pro

風格
歴史のある

かわいい
楽しい
レトロ
物語性
和風
パワフル
やさしい
洗練
風格
歴史のある
信頼感
読ませる

きざはし金陵
きざはしきんりょう

日本語フォントメニュー名：A P-OTF きざはし金陵 StdN　文字セット：A-J1-3(StdN)
英語フォントメニュー名：A P-OTF KizaKinryou StdN

#明朝体 #モリサワ #短文 #小見出し #大見出し

永あ
あ M　あ B

あおぎす
なのぱも
アオサダ
ポミルン
AGag39

貴重な文化財を観覧する限定ツアー M
デザインと文字の関係 B
Spanish Golden Age 1492 M

吾輩は猫である。名前はまだ無い。どこで生
れたかとんと見当がつかぬ。何でも薄暗いじ
めじめした所でニャーニャー泣いていた事だ
けは記憶している。吾輩はここで始めて人間 M

美しい日本様式 B

漢字が日本に伝来した 鳥獣戯画展 B M M

秀英にじみ四号かな
しゅうえいにじみよんごうかな

日本語フォントメニュー名：A P-OTF 秀英にじみ四号 StdN　文字セット：A-J1-3(StdN)
英語フォントメニュー名：A P-OTF Shuei N4goKana StdN

#明朝体 #モリサワ #短文 #小見出し #大見出し

永あ
あ

あおぎす
なのぱも
アオサダ
ポミルン
AGag39

反乱をきっかけに勃発した薔薇戦争
デザインと文字の関係
Spanish Golden Age 1492

吾輩は猫である。名前はまだ無い。どこで生
れたかとんと見当がつかぬ。何でも薄暗いじ
めじめした所でニャーニャー泣いていた事だ
けは記憶している。吾輩はここで始めて人間

美しい日本様式

職人の技術を受け継ぐ 眼を閉じて

かわいい
楽しい
レトロ
物語性
和風
パワフル
やさしい
洗練
歴史のある 風格
信頼感
読ませる

風格
歴史のある

秀英3号	日本語フォントメニュー名：A-OTF 秀英3号 Std　文字セット：-（かな書体）
しゅうえいさんごう	英語フォントメニュー名：A-OTF Shuuei3 Std

#かな明朝体 #モリサワ #短文 #小見出し #大見出し

※漢字はリュウミン

永 あ

あ(L) あ(R) あ(M) あ(B)
あ(EB) あ(H) あ(EH) あ(U)

あお ぎす
なの ぱも
アオ サダ
ポミルン
AGag39

ホモサピエンスの軌跡をたどる講義
デザインと文字の関係
Spanish Golden Age 1492

吾輩は猫である。名前はまだ無い。どこで生
れたかとんと見当がつかぬ。何でも薄暗いじ
めじめした所でニャーニャー泣いていた事だ
けは記憶している。吾輩はここで始めて人間

美しい日本様式

ガス灯のはじまりの地 (L)
墓碑を刻む (B)(M)
(R)(H)(M)(U)

秀英5号	日本語フォントメニュー名：A-OTF 秀英5号 Std　文字セット：-（かな書体）
しゅうえいごう	英語フォントメニュー名：A-OTF Shuuei5 Std

#かな明朝体 #モリサワ #短文 #小見出し #大見出し

※漢字はリュウミン

永 あ

あ(L) あ(R) あ(M) あ(B)
あ(EB) あ(H) あ(EH) あ(U)

あお ぎす
なの ぱも
アオ サダ
ポミルン
AGag39

ホメロス叙事詩「オデュッセイア」
デザインと文字の関係
Spanish Golden Age 1492

吾輩は猫である。名前はまだ無い。どこで生
れたかとんと見当がつかぬ。何でも薄暗いじ
めじめした所でニャーニャー泣いていた事だ
けは記憶している。吾輩はここで始めて人間

美しい日本様式

海や川で禊をする風習 (L)
あすの記憶 (B)(M)
(R)(EH)(M)

風格
歴史のある

かわいい
楽しい
レトロ
物語性
和風
パワフル
やさしい
洗練
風格
歴史のある
信頼感
読ませる

游明朝体36ポかな
ゆうみんちょうたいさんじゅうろくぽかな

日本語フォントメニュー名：游明朝体36pポかな　文字セット：-（かな書体）
英語フォントメニュー名：Yu Mincho 36p Kana

#かな明朝体　#字游工房　#短文　#小見出し　#大見出し

※漢字は游明朝体

永 あ
あ あ あ
L A M D
あ あ
B R E

あおぎす
なのぱも
アオサダ
ポミルン
AGag39

平安時代から受け継がれてきた技法 L
デザインと文字の関係 D
Spanish Golden Age 1492 M

吾輩は猫である。名前はまだ無い。どこで生 R
れたかとんと見当がつかぬ。何でも薄暗いじ B
めじめした所でニャーニャー泣いていた事だ M
けは記憶している。吾輩はここで始めて人間

美しい日本様式 E

抹茶をじっくり味わう
心にのこる

築地体前期五号仮名
つきじたいぜんきごごうかな

日本語フォントメニュー名：築地体前期五号仮名　文字セット：-（かな書体）
英語フォントメニュー名：Tsukiji Zenki 5go Kana

#かな明朝体　#ヒラギノ　#短文　#小見出し　#大見出し

※漢字はヒラギノ明朝

永 あ
あ

あおぎす
なのぱも
アオサダ
ポミルン

多くの俳人がたずねた名所をめぐる
デザインと文字の関係
スペイン黄金世紀と文学隆盛

吾輩は猫である。名前はまだ無い。どこで生
れたかとんと見当がつかぬ。何でも薄暗いじ
めじめした所でニャーニャー泣いていた事だ
けは記憶している。吾輩はここで始めて人間

美しい日本様式

武士が歩むは弓馬の道
やよい白書

97

かわいい

楽しい

レトロ

物語性

和風

パワフル

やさしい

洗練

風格 歴史のある

信頼感

読ませる

風格
歴史のある

| 霞白藤 | 日本語フォントメニュー名：A P-OTF 霞白藤 Min2　文字セット：Min2 |
| かすみしらふじ | 英語フォントメニュー名：A P-OTF Kasumi ShirafujiMin2 |

#明朝体　#モリサワ　#短文　#小見出し　#大見出し

永あ
あ あ あ あ
L R M B
▶ p.83

数多の収集資料で見せる激動の歴史 R

美しい日本様式 B

| くれたけ銘石 | 日本語フォントメニュー名：A P-OTF くれたけ銘石 StdN　文字セット：A-J1-3(StdN) |
| くれたけめいせき | 英語フォントメニュー名：A P-OTF KuretakeMeiseki StdN |

#ゴシック体　#モリサワ　#短文　#小見出し　#大見出し

永あ
あ
▶ p.35

数多の収集資料で見せる激動の歴史

美しい日本様式

| Letras Oldstyle Pro | 日本語フォントメニュー名：Letras Oldstyle Pro　文字セット：Pro（ラテン） |
| れとらすおーるどすたいるぷろ | 英語フォントメニュー名：Letras Oldstyle Pro |

#Serif　#モリサワ　#短文　#小見出し　#大見出し

Aa3

a　a　a
Regular　DemiBold　Bold

a　*a*　*a*
Italic　DemiBold Italic　Bold Italic

Origins of modernism
DemiBold

As young readers like to know "HOW PEOPLE LOOK," we will take this moment to give them a little sketch of the four sisters, who sat knitting away in the twilight, *while the December snow fell quietly without, and the fire crackled cheerfully within.*
Regular & Italic

Antique and Vintage Furniture
Bold Italic

Hamburgefonstiv 1726
Regular

Ballads & **Sonnets**
Regular & Bold

霞青藍
かすみせいらん

日本語フォントメニュー名：A P-OTF 霞青藍 Min2　文字セット：Min2
英語フォントメニュー名：A P-OTF Kasumi Seiran Min2

#明朝体 #モリサワ #本文 #短文 #小見出し #大見出し

永あ
あ あ あ あ
L R M B

あおぎす
なのぱも
アオサダ
ポミルン
AGag39

この世のものとは思えない美しい鶴　L

デザインと文字の関係　M

Spanish Golden Age 1492　R

吾輩は猫である。名前はまだ無い。どこで生
れたかとんと見当がつかぬ。何でも薄暗いじ
めじめした所でニャーニャー泣いていた事だ
けは記憶している。吾輩はここで始めて人間
R

美しい日本様式　B

失敗から学ぶ経営戦略

文藝の虚像
L R B L

文游明朝体 勇壮かな
ぶんゆうみんちょうたいゆうそうかな

日本語フォントメニュー名：文游明朝体 勇壮かな StdN　文字セット：A-J1-3(StdN)
英語フォントメニュー名：Bunyu Mincho Yuso StdN

#明朝体 #字游工房 #本文 #短文 #小見出し

永あ
あ

あおぎす
なのぱも
アオサダ
ポミルン
AGag39

強国が群雄割拠していた時代の小説

デザインと文字の関係

Spanish Golden Age 1492

吾輩は猫である。名前はまだ無い。どこで生
れたかとんと見当がつかぬ。何でも薄暗いじ
めじめした所でニャーニャー泣いていた事だ
けは記憶している。吾輩はここで始めて人間

美しい日本様式

博多にゆかりの文学者

思いのたけ

かわいい
楽しい
レトロ
物語性
和風
パワフル
やさしい
洗練
エモーショナル
風格
信頼感
読ませる

かわいい

楽しい

レトロ

物語性

和風

パワフル

やさしい

洗練

風格
エモーショナル

信頼感

読ませる

風格
エモーショナル

日本語フォントメニュー名：A P-OTF かもめ龍爪 StdN　文字セット：A-J1-3(StdN)
英語フォントメニュー名：A P-OTF Kamome Ryuso StdN

#デザイン書体　#モリサワ　#短文　#小見出し　#大見出し

永あ
あ

あおぎす
なのぱも
アオサダ
ポミルン
AGag39

60代女性のためのトキメキ温泉旅
デザインと文字の関係
Spanish Golden Age 1492

吾輩は猫である。名前はまだ無い。どこで生
れたかとんと見当がつかぬ。何でも薄暗いじ
めじめした所でニャーニャー泣いていた事だ
けは記憶している。吾輩はここで始めて人間

美しい日本様式

一生ものの器をつくる

寄り道日記

日本語フォントメニュー名：A P-OTF げんろく志安 StdN　文字セット：A-J1-3(StdN)
英語フォントメニュー名：A P-OTF GenrokuShian StdN

#デザイン書体　#モリサワ　#短文　#小見出し　#大見出し

永あ
あ

あおぎす
なのぱも
アオサダ
ポミルン
AGag39

天地に花々が咲き競い蝶があつまる
デザインと文字の関係
Spanish Golden Age 1492

吾輩は猫である。名前はまだ無い。どこで生
れたかとんと見当がつかぬ。何でも薄暗いじ
めじめした所でニャーニャー泣いていた事だ
けは記憶している。吾輩はここで始めて人間

美しい日本様式

初心者向けの能楽鑑賞

光陰如流水

風格
エモーショナル

かわいい
楽しい
レトロ
物語性
和風
パワフル
やさしい
洗練
風格
エモーショナル
信頼感
読ませる

江川活版三号行書仮名
えがわかっぱんさんごうぎょうしょかな

日本語フォントメニュー名：江川活版三号行書仮名　文字セット：-（かな書体）
英語フォントメニュー名：Egawa 3go Gyosho Kana

#かな筆書体　#ヒラギノ　#小見出し　#大見出し

※漢字はヒラギノ明朝

永あ
あ

週末は燻製で作ったおつまみで晩酌

デザインと文字の関係

スペイン黄金世紀と文学隆盛

吾輩は猫である。名前はまだ無い。どこで生れたかとんと見当がつかぬ。何でも薄暗いじめじめした所でニャーニャー泣いていた事だけは記憶している。吾輩はここで始めて人間

あおぎす
なのぱも
アオサダ
ポミルン

美しい日本様式

浮世絵から見る古地図

雪解けの恵

築地体三号細仮名
つきじたいさんごうほそかな

日本語フォントメニュー名：築地体三号細仮名　文字セット：-（かな書体）
英語フォントメニュー名：Tsukiji 3go Hoso Kana

#かな明朝体　#ヒラギノ　#短文　#小見出し　#大見出し

※漢字はヒラギノ明朝

永あ
あ

リーフティーを入れてひといきつく

デザインと文字の関係

スペイン黄金世紀と文学隆盛

吾輩は猫である。名前はまだ無い。どこで生れたかとんと見当がつかぬ。何でも薄暗いじめじめした所でニャーニャー泣いていた事だけは記憶している。吾輩はここで始めて人間

あおぎす
なのぱも
アオサダ
ポミルン

美しい日本様式

骨董品蚤の市レポート

散りゆく桜

風格
エモーショナル

かわいい
楽しい
レトロ
物語性
和風
パワフル
やさしい
洗練
風格 エモーショナル
信頼感
読ませる

隷書 E1
れいしょいーわん

日本語フォントメニュー名：A P-OTF 隷書 E1 StdN　　文字セット：A-J1-3(StdN)
英語フォントメニュー名：A P-OTF Reisho E1 StdN

#筆書体　#モリサワ　#短文　#小見出し　#大見出し

永あ
あ

旧銀行をリノベーションしたホテル
デザインと文字の関係
Spanish Golden Age 1492

吾輩は猫である。名前はまだ無い。どこで生れたかとんと見当がつかぬ。何でも薄暗いじめじめした所でニャーニャー泣いていた事だけは記憶している。吾輩はここで始めて人間

あおぎす
なのぱも
アオサダ
ポミルン
AGag39

美しい日本様式

蝋燭の灯火

全国古美術名店マップ

秀英にじみ角ゴシック銀
しゅうえいにじみかくごしっくぎん

日本語フォントメニュー名：A P-OTF 秀英にじみ角ゴ銀 StdN　　文字セット：A-J1-3(StdN)
英語フォントメニュー名：A P-OTF Shuei NGo Gin StdN

#ゴシック体　#モリサワ　#短文　#小見出し　#大見出し

永あ
あ

社会を震撼させた新感覚サスペンス
デザインと文字の関係
Spanish Golden Age 1492

吾輩は猫である。名前はまだ無い。どこで生れたかとんと見当がつかぬ。何でも薄暗いじめじめした所でニャーニャー泣いていた事だけは記憶している。吾輩はここで始めて人間

あおぎす
なのぱも
アオサダ
ポミルン
AGag39

美しい日本様式

夕映え便り

夢中になる読者が続出

風格
エモーショナル

ヒラギノ角ゴオールド
ひらぎのかくごおーるど

日本語フォントメニュー名：ヒラギノ角ゴオールド StdN　文字セット：A-J1-3(StdN)
英語フォントメニュー名：Hiragino Sans Old StdN

#ゴシック体　#ヒラギノ　#短文　#小見出し　#大見出し

永あ
あ あ あ あ
W6 W7 W8 W9
▶ p.72

ラクレットチーズをその場で溶かす W6
美しい日本様式 W8

游ゴシック体初号かな
ゆうごしっくたいしょごうかな

日本語フォントメニュー名：游ゴシック体初号かな　文字セット：-（かな書体）
英語フォントメニュー名：Yu Gothic Shogo Kana

#かなゴシック体　#字游工房　#短文　#小見出し　#大見出し
※漢字は游ゴシック体

永あ
あ あ あ あ
L R M D
あ あ あ
B E H
▶ p.37

訪れるべき神奈川の名建築とアート R
美しい日本様式 E

Vonk Pro
ふぉんくぷろ

日本語フォントメニュー名：Vonk Pro　文字セット：Pro（ラテン）
英語フォントメニュー名：Vonk Pro

#Serif　#モリサワ　#短文　#小見出し　#大見出し

Aa3

a a a
Regular Medium Bold

a a
ExtraBold Heavy

a a a
Italic Medium Bold Italic
Italic

a a
ExtraBold Heavy
Italic Italic

Origins of modernism
Bold

AS YOUNG READERS LIKE TO KNOW "HOW PEOPLE LOOK," we will take this moment to give them a little sketch of the four sisters, who sat knitting away in the twilight, *while the December snow fell quietly without, and the fire crackled cheerfully within.*
Regular & Italic

All things are possible if you believe.
ExtraBold Italic

Hamburgefonstiv 1726
Regular

Valley **Adventure**
Regular & Heavy

かわいい

楽しい

レトロ

物語性

和風

パワフル

やさしい

洗練

風格
エモーショナル

信頼感

読ませる

かわいい
楽しい
レトロ
物語性
和風
パワフル
やさしい
洗練
風格
重厚
信頼感
読ませる

風格
重厚

凸版文久見出し明朝
とっぱんぶんきゅうみだしみんちょう

日本語フォントメニュー名：A P-OTF 凸版文久見出明 StdN　文字セット：A-J1-3(StdN)
英語フォントメニュー名：A P-OTF Bunkyu MidasiM StdN

#明朝体　#モリサワ　#大見出し

永あ
あ

あおぎす
なのぱも
アオサダ
ポミルン
AGag39

三つ星フレンチの真髄をご堪能あれ
デザインと文字の関係
Spanish Golden Age
命の流儀
美しい日本様式

厳選ハイブランド革靴
つばき画廊

游築見出し明朝体
ゆうつきみだしみんちょうたい

日本語フォントメニュー名：游築見出し明朝体 OTF　文字セット：第一水準漢字＋
英語フォントメニュー名：Yutuki Midashi Mincho OTF

#明朝体　#字游工房　#大見出し

永あ
あ

あおぎす
なのぱも
アオサダ
ポミルン

プラチナ会員は空港ラウンジが無料
デザインと文字の関係
スペイン黄金世紀と文学隆盛
語り継ぐ
美しい日本様式

本場で食べる黒毛和牛
特急めばる

秀英初号明朝
しゅうえいしょごうみんちょう

日本語フォントメニュー名：A-OTF 秀英初号明朝 Std　文字セット：A-J1-3(Std)
英語フォントメニュー名：A-OTF Shuei ShogoMincho Std

#明朝体　#モリサワ　#大見出し

永あ
ぁ

エーゲ海に浮かぶクレタ島で過ごす
デザインと文字の関係
Spanish Golden Age

贅沢な至福のひととき
あわび御膳

あおぎす
なのぱも
アオサダ
ポミルン
AGag39

あしらい
美しい日本様式

Pistilli Pro
ぴすてぃっりぷろ

日本語フォントメニュー名：Pistilli Pro　文字セット：Pro（ラテン）
英語フォントメニュー名：Pistilli Pro

#Serif　#モリサワ　#大見出し

Aa3
a

Origins of modernism
DIVERSITY
The future of art and technology
Hamburgefonstiv 1726
Beauty & Strength

かわいい
楽しい
レトロ
物語性
和風
パワフル
やさしい
洗練
風格
重厚
信頼感
読ませる

霞白藤、Pistilli Pro

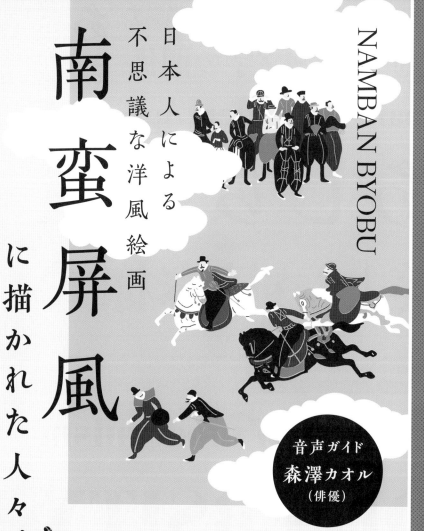

野獣派【フォーヴィスム】の真髄

Fauvisme

感

強烈
激し

NAMBAN BYOBU

日本人による
不思議な洋風絵画

南蛮屏風

に描かれた人々

音声ガイド
森澤カオル
（俳優）

2023. 5.19 FRI − 7.25 TUE

モリサワ美術館｜大阪市
浪速区

野獣派【フォーヴィスム】の真髄

信頼感

堅実

見出ミンMA31

みだしみんえむえいさんじゅういち

日本語フォントメニュー名：A P-OTF 見出ミンMA31 Pr6N　文字セット：A-J1-7(Pr6N)
英語フォントメニュー名：A P-OTF MidashiMi MA31 Pr6N

#明朝体 #モリサワ #短文 #小見出し #大見出し

永あ
ぁ

あおぎす
なのぱも
アオサダ
ポミルン
AGag39

信頼感のあるスクールカウンセラー

デザインと文字の関係

The Future of the World

吾輩は猫である。名前はまだ無い。どこで生れたかとんと見当がつかぬ。何でも薄暗いじめじめした所でニャーニャー泣いていた事だけは記憶している。吾輩はここで始めて人間

持続可能な社会

日本初勝利に導く監督 地球温暖化

UD黎ミン

ゆーでぃーれいみん

日本語フォントメニュー名：A-OTF UD黎ミン Pr6N　文字セット：A-J1-6(Pr6N)
英語フォントメニュー名：A-OTF UD Reimin Pr6N

#UD書体 #モリサワ #本文 #短文 #小見出し #大見出し

永あ
あ L　あ R　あ M　あ B
あ EB　あ H

あおぎす
なのぱも
アオサダ
ポミルン
AGag39

国会で条約撤廃を求める動き活発に

デザインと文字の関係

The Future of the World

吾輩は猫である。名前はまだ無い。どこで生れたかとんと見当がつかぬ。何でも薄暗いじめじめした所でニャーニャー泣いていた事だけは記憶している。吾輩はここで始めて人間

持続可能な社会

終戦の日に平和を誓う 歩きスマホ

L B R R EB M H

107

かわいい

楽しい

レトロ

物語性

和風

パワフル

やさしい

洗練

風格

信頼感
堅実

読ませる

信頼感
堅実

毎日新聞明朝
まいにちしんぶんみんちょう

日本語フォントメニュー名：A P-OTF 毎日新聞明朝 ProN　文字セット：A-J1-4(ProN)
英語フォントメニュー名：A P-OTF MNewsM ProN

#新聞書体　#モリサワ　#本文　#短文　#小見出し　#大見出し

※見本は平体80%

永あ
あ

あおぎす
なのぱも
アオサダ
ポミルン
AGag39

食料問題について議論を重ねた団体

デザインと文字の関係

The Future of the World

吾輩は猫である。名前はまだ無い。どこで生
れたかとんと見当がつかぬ。何でも薄暗いじ
めじめした所でニャーニャー泣いていた事だ
けは記憶している。吾輩はここで始めて人間

持続可能な社会

気象災害の対策が急がれる

市民を守る会

毎日新聞ゴシック
まいにちしんぶんごしっく

日本語フォントメニュー名：A P-OTF 毎日新聞ゴシック ProN　文字セット：A-J1-4(ProN)
英語フォントメニュー名：A P-OTF MNewsG ProN

#新聞書体　#モリサワ　#短文　#小見出し　#大見出し

※見本は平体80%

永あ
あ

あおぎす
なのぱも
アオサダ
ポミルン
AGag39

被害救済法が今期国会で法案成立へ

デザインと文字の関係

The Future of the World

吾輩は猫である。名前はまだ無い。どこで生
れたかとんと見当がつかぬ。何でも薄暗いじ
めじめした所でニャーニャー泣いていた事だ
けは記憶している。吾輩はここで始めて人間

持続可能な社会

地域で取り組む声かけ活動

経済の生態系

信頼感
堅実

かわいい
楽しい
レトロ
物語性
和風
パワフル
やさしい
洗練
風格
信頼感 堅実
読ませる

新正楷書CBSK1
しんせいかいしょしいびいえすけいわん

日本語フォントメニュー名：A P-OTF 新正楷書 CBSK1 Pr5N　文字セット：A-J1-5(Pr5N)
英語フォントメニュー名：A P-OTF ShinseiKaiCBSK1 Pr5N

#筆書体　#モリサワ　#短文　#小見出し　#大見出し

永あ
あ

あおぎす
なのぱも
アオサダ
ポミルン
AGag3

災害の危険性が高まると専門家指摘

デザインと文字の関係

The Future of the World

吾輩は猫である。名前はまだ無い。どこで生れたかとんと見当がつかぬ。何でも薄暗いじめじめした所でニャーニャー泣いていた事だけは記憶している。吾輩はここで始めて人間

持続可能な社会

新聞社世論調査で判明

厚生労働省

教科書ICA
きょうかしょあいしいえい

日本語フォントメニュー名：A P-OTF 教科書 ICA ProN　文字セット：A-J1-4(ProN)
英語フォントメニュー名：A P-OTF Kyoukasho ICA ProN

#筆書体　#モリサワ　#本文　#短文　#小見出し

永あ
あ あ あ
L R M

あおぎす
なのぱも
アオサダ
ポミルン
AGag3

大型ショッピング施設が相次ぎ開業

デザインと文字の関係

The Future of the World

吾輩は猫である。名前はまだ無い。どこで生れたかとんと見当がつかぬ。何でも薄暗いじめじめした所でニャーニャー泣いていた事だけは記憶している。吾輩はここで始めて人間

持続可能な社会

ボランティア犬を表彰

青年協力隊

L
M
R
L M L

M

かわいい

楽しい

レトロ

物語性

和風

パワフル

やさしい

洗練

風格

信頼感
堅実

読ませる

信頼感
堅実

Lutes UD PE
りゅーつゆーでぃーぴーいー

日本語フォントメニュー名：Lutes UD PE　文字セット：PE（ラテン）
英語フォントメニュー名：Lutes UD PE

#Universal Design　#モリサワ　#本文　#短文　#小見出し　#大見出し

Aa3

a *Light*　a *Regular*　a *Medium*

a *Bold*　a *ExtraBold*　a *Heavy*

a Light Italic　*a Italic*　*a Medium Italic*

a Bold Italic　*a ExtraBold Italic*　*a Heavy Italic*

Learning is the Key to Success
Bold

As young readers like to know "HOW PEOPLE LOOK," we will take this moment to give them a little sketch of the four sisters, who sat knitting away in the twilight, *while the December snow fell quietly without, and the fire crackled*
Regular & Italic

Making Use of Renewable Resources
ExtraBold Italic

Hamburgefonstiv 1726
Light

Political Science
Medium & Heavy

RS Nassim Latin
ろぜったなしむらてん

日本語フォントメニュー名：MP RSNassim Latin　文字セット：-（ラテン）
英語フォントメニュー名：MP RSNassim Latin

#Serif　#Rosetta　#本文　#短文　#小見出し

Aa3

a *Regular*　a *Semibold*　a *Bold*

Learning is the Key to Success
SemiBold

AS YOUNG READERS LIKE TO KNOW "HOW PEOPLE LOOK," we will take this moment to give them a little sketch of the four sisters, who sat knitting away in the twilight, while the December snow fell quietly without, and the fire crackled cheerfully within.
Regular

Scientific Study of Language
Bold

Hamburgefonstiv 1726
Regular

Bilingual Education
Regular & Bold

信頼感
上品

かわいい
楽しい
レトロ
物語性
和風
パワフル
やさしい
洗練
風格
信頼感
上品
読ませる

本明朝（標準がな）
ほんみんちょうひょうじゅんがな

日本語フォントメニュー名：Ro本明朝Pro　文字セット：A-J1-4(Pro)
英語フォントメニュー名：Ro Hon Mincho Pro

#明朝体　#タイプバンク　#本文　#短文　#小見出し　#大見出し

永あ
あ あ あ あ
L M B E U

あおぎす
なのぱも
アオサダ
ポミルン
AGag39

亭主が客人にお茶を点ててもてなす

デザインと文字の関係

The Future of the World

吾輩は猫である。名前はまだ無い。どこで生
れたかとんと見当がつかぬ。何でも薄暗いじ
めじめした所でニャーニャー泣いていた事だ
けは記憶している。吾輩はここで始めて人間

持続可能な社会

奈良のオススメ工芸品

マナー講習

太ミンA101
ふとみんえいいちまるいち

日本語フォントメニュー名：A P-OTF 太ミンA101 Pr6N　文字セット：A-J1-7(Pr6N)
英語フォントメニュー名：A P-OTF Futo Min A101 Pr6N

#明朝体　#モリサワ　#短文　#小見出し　#大見出し

永あ
あ

あおぎす
なのぱも
アオサダ
ポミルン
AGag39

5つ星評価のラグジュアリーホテル

デザインと文字の関係

The Future of the World

吾輩は猫である。名前はまだ無い。どこで生
れたかとんと見当がつかぬ。何でも薄暗いじ
めじめした所でニャーニャー泣いていた事だ
けは記憶している。吾輩はここで始めて人間

持続可能な社会

ベイエリアを一望する

真心こめて

かわいい
楽しい
レトロ
物語性
和風
パワフル
やさしい
洗練
風格
信頼感
上品
読ませる

信頼感
上品

日活正楷書体
にっかつせいかいしょたい

日本語フォントメニュー名：Ro日活正楷書体Std　文字セット：A-J1-3(Std)
英語フォントメニュー名：Ro Nikkatsu Sei Kai Std

#筆書体　#タイプバンク　#短文　#小見出し　#大見出し

永あ
あ

あおぎすも
なのぱも
アオサダ
ポミルン
AGag39

丁寧なホスピタリティの提供の仕方

デザインと文字の関係

The Future of the World

吾輩は猫である。名前はまだ無い。どこで生れたかとんと見当がつかぬ。何でも薄暗いじめじめした所でニャーニャー泣いていた事だけは記憶している。吾輩はここで始めて人間

持続可能な社会

老舗旅館の女将が語る

日頃の感謝

Star Times Display Pro
すたーたいむずでぃすぷれいぷろ

日本語フォントメニュー名：Star Times Display Pro　文字セット：Pro（ラテン）
英語フォントメニュー名：Star Times Display Pro

#Serif　#モリサワ　#短文　#小見出し　#大見出し

Aa3

a
Regular

a
Bold

a
Italic

a
Bold Italic

Learning is the Key to Success
Bold

As young readers like to know "HOW PEOPLE LOOK," we will take this moment to give them a little sketch of the four sisters, who sat knitting away in the twilight, *while the December snow fell quietly without, and the fire crackled cheerfully within.*
Regular & Italic

Master's Degree in Typography
Bold Italic

Hamburgefonstiv 1726
Regular

Film & Television
Regular & Bold

信頼感
親しみ

かわいい

楽しい

レトロ

物語性

和風

パワフル

やさしい

洗練

風格

信頼感
親しみ

読ませる

TBUD明朝
てぃーびーゆーでぃーみんちょう

日本語フォントメニュー名：TBUD明朝 Std　文字セット：A-J1-3(Std)
英語フォントメニュー名：TBUDMincho Std

#UD書体　#タイプバンク　#短文　#小見出し　#大見出し

永あ
あ（M）　あ（H）

あおぎす
なのぱも
アオサダ
ポミルン
AGag3

タブレット活用でICT教育を提案（M）

デザインと文字の関係（H）

The Future of the World（M）

吾輩は猫である。名前はまだ無い。どこで生れたかとんと見当がつかぬ。何でも薄暗いじめじめした所でニャーニャー泣いていた事だけは記憶している。吾輩はここで始めて人間（M）

持続可能な社会（H）

保護者への連絡アプリ（M）

授業参観日（H）（M）（M）（H）

新ゴ
しんご

日本語フォントメニュー名：A P-OTF 新ゴ Pr6N　文字セット：A-J1-7(Pr6N)
英語フォントメニュー名：A P-OTF Shin Go Pr6N

#ゴシック体　#モリサワ　#短文　#小見出し　#大見出し

永あ
あ（EL）　あ（L）　あ（R）　あ（M）
あ（DB）　あ（B）　あ（H）　あ（U）

あおぎす
なのぱも
アオサダ
ポミルン
AGag3

子ども達の笑顔つくるオンライン塾（L）

デザインと文字の関係（DB）

The Future of the World（EL）

吾輩は猫である。名前はまだ無い。どこで生れたかとんと見当がつかぬ。何でも薄暗いじめじめした所でニャーニャー泣いていた事だけは記憶している。吾輩はここで始めて人間（R）

持続可能な社会（H）

防犯パトロールを強化（R）

化学クラブ（U）（B）（L）（DB）（EL）（R）（U）（B）

かわいい
楽しい
レトロ
物語性
和風
パワフル
やさしい
洗練
風格
信頼感
親しみ
読ませる

信頼感
親しみ

UD新ゴNT
ゆーでぃーしんごえぬてぃー

日本語フォントメニュー名：A P-OTF UD新ゴNT Pr6N　文字セット：A-J1-7(Pr6N)
英語フォントメニュー名：A P-OTF UD Shin Go NT Pr6N

#UD書体 #モリサワ #本文 #短文 #小見出し #大見出し

永あ

あ EL あ L あ R あ M
あ DB あ B あ H あ U

あおぎす
なのぱも
アオサダ
ポミルン
AGag3

各医療スタッフが連携し迅速なケア

デザインと文字の関係

The Future of the World

吾輩は猫である。名前はまだ無い。どこで生れたかとんと見当がつかぬ。何でも薄暗いじめじめした所でニャーニャー泣いていた事だけは記憶している。吾輩はここで始めて人間

持続可能な社会

看護師によるサポート L
みらい募金 DB M R H B
H

UD新丸ゴ
ゆーでぃーしんまるご

日本語フォントメニュー名：A-OTF UD新丸ゴ Pr6N　文字セット：A-J1-6(Pr6N)
英語フォントメニュー名：A-OTF UD Shin Maru Go Pr6N

#UD書体 #モリサワ #短文 #小見出し #大見出し

永あ

あ L あ R あ M あ DB
あ B あ H

あおぎす
なのぱも
アオサダ
ポミルン
AGag3

小さなお子さまがいる保護者も安心

デザインと文字の関係

The Future of the World

吾輩は猫である。名前はまだ無い。どこで生れたかとんと見当がつかぬ。何でも薄暗いじめじめした所でニャーニャー泣いていた事だけは記憶している。吾輩はここで始めて人間

持続可能な社会

世界中の子どもたちへ L
介護ほけん DB M R B M

信頼感
親しみ

| TBUD丸ゴシック | 日本語フォントメニュー名：TBUD丸ゴシック Std　文字セット：A-J1-3(Std) |
| てぃーびーゆーでぃーまるごしっく | 英語フォントメニュー名：TBUDRGothic Std |

#UD書体　#タイプバンク　#短文　#小見出し　#大見出し

永あ
ああああ
SL R B H

あおぎす
なのぱも
アオサダ
ポミルン
AGag3

気軽にクリニックにお越しください `SL`

デザインと文字の関係 `B`

The Future of the World `R`

吾輩は猫である。名前はまだ無い。どこで生
れたかとんと見当がつかぬ。何でも薄暗いじ
めじめした所でニャーニャー泣いていた事だ
けは記憶している。吾輩はここで始めて人間 `R`

持続可能な社会 `H`

悩みや不安に寄り添う `R`

交換留学生 `B`　`R`

| ヒラギノUD丸ゴ | 日本語フォントメニュー名：ヒラギノ UD丸ゴ StdN　文字セット：A-J1-3(StdN) |
| ひらぎののゆーでぃーまるご | 英語フォントメニュー名：Hiragino UD Sans Rd StdN |

#UD書体　#ヒラギノ　#短文　#小見出し　#大見出し

永あ
ああああ
W3 W4 W5 W6

あおぎす
なのぱも
アオサダ
ポミルン
AGag39

プロなら学んでおきたい介護の基礎 `W3`

デザインと文字の関係 `W5`

The Future of the World `W4`

吾輩は猫である。名前はまだ無い。どこで生
れたかとんと見当がつかぬ。何でも薄暗いじ
めじめした所でニャーニャー泣いていた事だ
けは記憶している。吾輩はここで始めて人間 `W3`

持続可能な社会 `W6`

赤ちゃんとパパの味方 `W4`

奨学金制度 `W5`　`W3`

115

かわいい
楽しい
レトロ
物語性
和風
パワフル
やさしい
洗練
風格
信頼感
親しみ
読ませる

信頼感
親しみ

UDデジタル教科書体
ゆーでぃーでじたるきょうかしょたい

日本語フォントメニュー名：UDデジタル教科書体 ProN　文字セット：A-J1-4(ProN)
英語フォントメニュー名：UDDigiKyokasho ProN

#UD書体　#タイプバンク　#本文　#短文　#小見出し　#大見出し

永あ
あ あ あ あ
R M B H
▶ p.76

史資料と図版が豊富なワークブック R

持続可能な社会 B

こぶりなゴシック

日本語フォントメニュー名：こぶりなゴシック StdN　文字セット：A-J1-3(StdN)
英語フォントメニュー名：Koburina Gothic StdN

#ゴシック体　#ヒラギノ　#本文　#短文　#小見出し

永あ
あ あ あ あ
W1 W3 W6 W9
▶ p.132

識字教育を届けるためのアクション W3

持続可能な社会 W6

Clarimo UD PE
くらりもゆーでぃーぴーいー

日本語フォントメニュー名：Clarimo UD PE　文字セット：PE（ラテン）
英語フォントメニュー名：Clarimo UD PE

#Universal Design　#モリサワ　#本文　#短文　#小見出し　#大見出し

Aa3

a a a
ExtraLight Light Regular

a a a
Medium DemiBold Bold

a a
Heavy Ultra

a a a
ExtraLight Light Italic Italic
Italic

a a a
Medium DemiBold Bold
Italic Italic Italic

a a
Heavy Ultra Italic
Italic

Learning is the Key to Success
DemiBold

As young readers like to know "HOW PEOPLE LOOK," we will take this moment to give them a little sketch of the four sisters, who sat knitting away in the twilight, *while the December snow fell quietly without, and the fire crackled*

Regular & Italic

Product Profitability

Bold Italic

Hamburgefonstiv 1726

ExtraLight

Exchange **Bureau**

Lihgt & Ultra

信頼感
明るい

かわいい
楽しい
レトロ
物語性
和風
パワフル
やさしい
洗練
風格
信頼感
明るい
読ませる

UD新ゴ
ゆーでぃーしんご

日本語フォントメニュー名：A P-OTF UD新ゴ Pr6N　文字セット：A-J1-7(Pr6N)
英語フォントメニュー名：A P-OTF UD Shin Go Pr6N

#UD書体　#モリサワ　#短文　#小見出し　#大見出し

永あ

あ（EL）　あ（L）　あ（R）　あ（M）
あ（DB）　あ（B）　あ（H）　あ（U）

あおぎす
なのぱも
アオサダ
ポミルン
AGag39

ピクトグラムで誰にでも伝わる表示 （L）

デザインと文字の関係 （DB）

The Future of the World （M）

吾輩は猫である。名前はまだ無い。どこで生
れたかとんと見当がつかぬ。何でも薄暗いじ
めじめした所でニャーニャー泣いていた事だ
けは記憶している。吾輩はここで始めて人間

受信トレイ （R U B）

体の不自由な方を優先

持続可能な社会 （H）

ナウ（ゴシック）

日本語フォントメニュー名：Roナウ Std GM　文字セット：A-J1-3(Std)
英語フォントメニュー名：Ro NOW Std GM

#ゴシック体　#タイプバンク　#短文　#小見出し　#大見出し

永あ

あ（GM）　あ（GB）　あ（GE）　あ（GU）

あおぎす
なのぱも
アオサダ
ポミルン
AGag3

つり革や手すりにお掴まりください （GM）

デザインと文字の関係 （GB）

The Future of the World （GM）

吾輩は猫である。名前はまだ無い。どこで生
れたかとんと見当がつかぬ。何でも薄暗いじ
めじめした所でニャーニャー泣いていた事だ
けは記憶している。吾輩はここで始めて人間

アプリ決済 （GM GE GM）

大月行きが発車します

持続可能な社会 （GU）

かわいい

楽しい

レトロ

物語性

和風

パワフル

やさしい

洗練

風格

信頼感
明るい

読ませる

信頼感
明るい

UD新ゴ コンデンス80
ゆーでぃーしんご　こんでんす　はちじゅう

日本語フォントメニュー名：A-OTF UD新ゴコンデ80 Pr6N　文字セット：A-J1-6(Pr6N)
英語フォントメニュー名：A-OTF UD Shin Go Con80 Pr6N

#UD書体　#モリサワ　#短文　#小見出し　#大見出し

永あ

あ EL　あ L　あ R　あ M
あ DB　あ B　あ H　あ U

あおぎす
なのぱも
アオサダ
ポミルン
AGag3

第二回エキナカ北海道ごちそうフェア開催中

デザインと文字の関係を学ぶ

The Future of the World

吾輩は猫である。名前はまだ無い。どこで生れたかとん
と見当がつかぬ。何でも薄暗いじめじめした所でニャー
ニャー泣いていた事だけは記憶している。吾輩はここで
始めて人間というものを見た。しかもあとで聞くとそれ

持続可能な社会を。

原材料の管理・徹底を L R R B
この先右折 R H B U

TBUDゴシック
てぃーびーゆーでぃーごしっく

日本語フォントメニュー名：TBUDゴシック Std　文字セット：A-J1-3(Std)
英語フォントメニュー名：TBUDGothic Std

#UD書体　#タイプバンク　#短文　#小見出し　#大見出し

永あ

あ SL　あ R　あ B　あ E
あ H

あおぎす
なのぱも
アオサダ
ポミルン
AGag3

きっぷの取り忘れにご注意ください

デザインと文字の関係

The Future of the World

吾輩は猫である。名前はまだ無い。どこで生
れたかとんと見当がつかぬ。何でも薄暗いじ
めじめした所でニャーニャー泣いていた事だ
けは記憶している。吾輩はここで始めて人間

持続可能な社会

店舗物件ならおまかせ SL B R
お申し込み R E R H

信頼感
明るい

かわいい
楽しい
レトロ
物語性
和風
パワフル
やさしい
洗練
風格
信頼感 明るい
読ませる

Eminence Pro
えみねんすぷろ

日本語フォントメニュー名：Eminence Pro　文字セット：Pro（ラテン）
英語フォントメニュー名：Eminence Pro

#Sans Serif　#モリサワ　#短文　#小見出し　#大見出し

Aa3

a Thin　a Regular　a Medium

a Bold　a Black

a Thin Italic　a Italic　a Bold Italic

a Black Italic

Learning is the Key to Success
Medium

As young readers like to know "HOW PEOPLE LOOK," we will take this moment to give them a little sketch of the four sisters, who sat knitting away in the twilight, *while the December snow fell quietly without, and the fire crackled cheerfully within.*
Regular & Italic

Global Market Indices
Bold Italic

Hamburgefonstiv 1726
Thin

Investment **Trust**
Regular & Black

Prelude Pro
ぷれりゅーどぷろ

日本語フォントメニュー名：Prelude Pro　文字セット：Pro（ラテン）
英語フォントメニュー名：Prelude Pro

#Sans Serif　#モリサワ　#本文　#短文　#小見出し　#大見出し

Aa3

a Light　a Medium　a Bold

a Black

a Light Italic　a Medium Italic　a Bold Italic

a Black Italic

Learning is the Key to Success
Bold

AS YOUNG READERS LIKE TO KNOW "HOW PEOPLE LOOK," we will take this moment to give them a little sketch of the four sisters, who sat knitting away in the twilight, *while the December snow fell quietly without, and the fire crackled cheerfully*
Medium & Medium Italic

Digital Transformation 2024
Bold Italic

Hamburgefonstiv 1726
Light

TECH **AWARD**
Medium & Black

かわいい
楽しい
レトロ
物語性
和風
パワフル
やさしい
洗練
風格
信頼感
素朴
読ませる

信頼感
素朴

見出ゴMB31
みだしごえむびいさんじゅういち

日本語フォントメニュー名：A P-OTF 見出ゴMB31 Pr6N　文字セット：A-J1-7(Pr6N)
英語フォントメニュー名：A P-OTF Midashi Go MB31 Pr6N

#ゴシック体　#モリサワ　#短文　#小見出し　#大見出し

永あ
ぁ

あおぎす
なのぱも
アオサダ
ポミルン
AGag39

厚い雲に覆われて鬱蒼とした五月闇

デザインと文字の関係

The Future of the World

吾輩は猫である。名前はまだ無い。どこで生
れたかとんと見当がつかぬ。何でも薄暗いじ
めじめした所でニャーニャー泣いていた事だ
けは記憶している。吾輩はここで始めて人間

持続可能な社会

梅雨明け後に夏至南風

北国の植生

太ゴB101
ふとごびいいちまるいち

日本語フォントメニュー名：A P-OTF 太ゴB101 Pr6N　文字セット：A-J1-7(Pr6N)
英語フォントメニュー名：A P-OTF Futo Go B101 Pr6N

#ゴシック体　#モリサワ　#短文　#小見出し　#大見出し

永あ
ぁ

あおぎす
なのぱも
アオサダ
ポミルン
AGag39

あたりはしんと静まりかえり山眠る

デザインと文字の関係

The Future of the World

吾輩は猫である。名前はまだ無い。どこで生
れたかとんと見当がつかぬ。何でも薄暗いじ
めじめした所でニャーニャー泣いていた事だ
けは記憶している。吾輩はここで始めて人間

持続可能な社会

いきなり霰が降りだす

あられ注意

信頼感
力強い

かわいい
楽しい
レトロ
物語性
和風
パワフル
やさしい
洗練
風格
信頼感
力強い
読ませる

ゴシック MB101
ごしっくえむびいいちまるいち

日本語フォントメニュー名：A P-OTF ゴシック MB101 Pr6N　文字セット：A-J1-7(Pr6N)
英語フォントメニュー名：A P-OTF Gothic MB101 Pr6N

#ゴシック体　#モリサワ　#本文　#短文　#小見出し　#大見出し

永あ
あ あ あ あ
L R M DB
あ あ あ
B H U

あおぎす
なのぱも
アオサダ
ポミルン
AGag3

クライアントの本音を引き出し把握 L

デザインと文字の関係 B

The Future of the World M

吾輩は猫である。名前はまだ無い。どこで生
れたかとんと見当がつかぬ。何でも薄暗いじ
めじめした所でニャーニャー泣いていた事だ
けは記憶している。吾輩はここで始めて人間
R H DB

持続可能な社会 U

ご紹介特典

営業成績を大幅アップ

凸版文久見出しゴシック
とっぱんぶんきゅうみだしごしっく

日本語フォントメニュー名：A P-OTF 凸版文久見出ゴ StdN　文字セット：A-J1-3(StdN)
英語フォントメニュー名：A P-OTF Bunkyu MidasiG StdN

#ゴシック体　#モリサワ　#大見出し

永あ
あ

あおぎす
なのぱも
アオサダ
ポミルン
AGag39

これがラストチャンスの超得セール

デザインと文字の関係

The Future of the World

みどり博

持続可能な社会

今なら半額

地域最安値の目玉商品

かわいい

楽しい

レトロ

物語性

和風

パワフル

やさしい

洗練

風格

信頼感
力強い

読ませる

信頼感
力強い

ヒラギノ角ゴ
ひらぎのかくご

日本語フォントメニュー名：ヒラギノ角ゴ StdN　文字セット：A-J1-3(StdN)
英語フォントメニュー名：Hiragino Kaku Gothic StdN

#ゴシック体　#ヒラギノ　#小見出し　#大見出し

永あ

あ あ あ あ あ
W0 W1 W2 W3 W4

あ あ あ あ あ
W5 W6 W7 W8 W9

あおぎす
なのぱも
アオサダ
ポミルン
AGag39

いつでもどこでもハイスピード接続 W2

デザインと文字の関係 W6

The Future of the World W0

吾輩は猫である。名前はまだ無い。どこで生
れたかとんと見当がつかぬ。何でも薄暗いじ
めじめした所でニャーニャー泣いていた事だ
けは記憶している。吾輩はここで始めて人間
W3 W8 W4

持続可能な社会 W9

ITエンジニアを大募集

スマート便

黎ミンY30
れいみんわいさんじゅう

日本語フォントメニュー名：A P-OTF 黎ミンY30 Pr6N　文字セット：A-J1-7(Pr6N)
英語フォントメニュー名：A P-OTF Reimin Y30 Pr6N

#明朝体　#モリサワ　#本文　#短文　#小見出し　#大見出し

永あ

あ あ あ あ
M B EB H

あ あ
EH U

あおぎす
なのぱも
アオサダ
ポミルン
AGag39

転職エージェントが採用のお手伝い M

デザインと文字の関係 B

The Future of the World B

吾輩は猫である。名前はまだ無い。どこで生
れたかとんと見当がつかぬ。何でも薄暗いじ
めじめした所でニャーニャー泣いていた事だ
けは記憶している。吾輩はここで始めて人間
M EH M

持続可能な社会 U

同時視聴イベント開催

口コミ評価

信頼感
力強い

秀英横太明朝
しゅうえいよこぶとみんちょう

日本語フォントメニュー名：A P-OTF 秀英横太明朝 StdN　文字セット：A-J1-3(StdN)
英語フォントメニュー名：A P-OTF Shuei YobuMin StdN

#明朝体 #モリサワ #短文 #小見出し #大見出し

永あ
あ あ
M B

あ
M

お客様満足度No.1ソリューション M

デザインと文字の関係 B

The Future of the World M

吾輩は猫である。名前はまだ無い。どこで生れたかとんと見当がつかぬ。何でも薄暗いじめじめした所でニャーニャー泣いていた事だけは記憶している。吾輩はここで始めて人間 M

あおぎす
なのぱも
アオサダ
ポミルン
AGag39

持続可能な社会 B

早期割引プランで行く 会員様限定 M B M

Role Slab Text Pro
ろーるすらぶてきすとぷろ

日本語フォントメニュー名：Role Slab Text Pro　文字セット：Pro（ラテン）
英語フォントメニュー名：Role Slab Text Pro

#Serif #モリサワ #本文 #短文 #小見出し

Aa3

Learning is the Key to Success
Bold

AS YOUNG READERS LIKE TO KNOW "HOW PEOPLE LOOK," we will take this moment to give them a little sketch of the four sisters, who sat knitting away in the twilight, *while the December snow fell quietly without, and the fire crackled cheerfully*
Regular & Italic

Documentary Film of Life
Bold Italic

Hamburgefonstiv 1726
ExtraLight

Discover **Earth**
Light & Black

a
Thin

a
ExtraLight

a
Light

a
Regular

a
Medium

a
Bold

a
ExtraBold

a
Heavy

a
Black

a
Thin Italic

a
ExtraLight Italic

a
Light Italic

a
Italic

a
Medium Italic

a
Bold Italic

a
ExtraBold Italic

a
Heavy Italic

a
Black Italic

かわいい
楽しい
レトロ
物語性
和風
パワフル
やさしい
洗練
風格
信頼感
読ませる
端正

読ませる
端正

リュウミン

日本語フォントメニュー名：A P-OTF リュウミン Pr6N　文字セット：A-J1-7(Pr6N)
英語フォントメニュー名：A P-OTF Ryumin Pr6N

#明朝体　#モリサワ　#本文　#短文　#小見出し　#大見出し

飛ぶ燕が季節を告げる

想いを紡ぐ

デザインと文字の関係

Storyteller & Novelist

吾輩は猫である。名前はまだ無い。どこで生れたかとんと見当がつかぬ。何でも薄暗いじめじめした所でニャーニャー泣いていた事だけは記憶している。吾輩はここで始

雀色に染まる空

様々な楽器をもって舞台へあがった

永　あ

あ L-KL　あ R-KL　あ M-KL　あ B-KL
あ EB-KL　あ H-KL　あ EH-KL　あ U-KL

すもダン
ぎぱサル
おのオミ
あなアポ
AGag39

本明朝-Book（標準がな）
ほんみんちょうぶっくひょうじゅんがな

日本語フォントメニュー名：Ro本明朝 Pr5N Book　文字セット：A-J1-5(Pr5N)
英語フォントメニュー名：Ro Hon Mincho Pr5N Book

#明朝体　#タイプバンク　#本文　#短文

カラマツが赤く染まる

和やかな光

デザインと文字の関係

Storyteller & Novelist

吾輩は猫である。名前はまだ無い。どこで生れたかとんと見当がつかぬ。何でも薄暗いじめじめした所でニャーニャー泣いていた事だけは記憶している。吾輩はここで始

雀色に染まる空

桜の樹の下には屍体が埋まっている

永　あ
あ

すもダン
ぎぱサル
おのオミ
あなアポ
AGag39

凸版文久明朝
とっぱんぶんきゅうみんちょう

日本語フォントメニュー名：A P-OTF 凸版文久明朝 Pr6N　文字セット：A-J1-7(Pr6N)
英語フォントメニュー名：A P-OTF Bunkyu Mincho Pr6N

#明朝体　#モリサワ　#本文　#短文　#小見出し

永　あ
あ

生涯のうちでは呑気な時間であった

雀色に染まる空

彼は油断ならない男だ

偶然の産物

デザインと文字の関係

Storyteller & Novelist

吾輩は猫である。名前はまだ無い。どこで生れたかとんと見当がつかぬ。何でも薄暗いじめじめした所でニャーニャー泣いていた事だけは記憶している。吾輩はここで始

あおぎす
なのぱも
アオサダ
ポミルン
AGag39

CaslonMO Pro
きゃすろんえむおーぷろ

日本語フォントメニュー名：CaslonMO Pro　文字セット：Pro（ラテン）
英語フォントメニュー名：CaslonMO Pro

#Serif　#モリサワ　#本文　#短文　#小見出し

Aa3

a a a
Light Regular Bold

a
Heavy

a a a
Light Italic Italic Bold Italic

a
Heavy
Italic

Philosophy and Poetry
Bold

As young readers like to know "HOW PEOPLE LOOK," we will take this moment to give them a little sketch of the four sisters, who sat knitting away in the twilight, *while the December snow fell quietly without, and the fire crackled cheerfully*
Regular & Italic

The Global Finance Magazine
Bold Italic

Hamburgefonstiv 1726
Light

Monthly Report
Regular & Heavy

リュウミン オールドがな

日本語フォントメニュー名：A-OTF リュウミン Std　文字セット：-（かな書体）
英語フォントメニュー名：A-OTF Ryumin Std

#かな明朝体　#モリサワ　#本文　#短文　#小見出し

※漢字はリュウミン

飛ぶ燕が季節を告げる

日出づる国

デザインと文字の関係

Storyteller & Novelist

吾輩は猫である。名前はまだ無い。どこで生れたかとんと見当がつかぬ。何でも薄暗いじめじめした所でニャーニャー泣いていた事だけは記憶している。吾輩はここで始

雀色に染まる空

様々な楽器をもって舞台へあがった

永 あ

あ　あ　あ　あ
L-KO　R-KO　M-KO　B-KO
あ　あ　あ　あ
EB-KO　H-KO　EH-KO　U-KO

すもダンルン
ぎぱサオミ
おのアオ
あなポミ
AGag39

本明朝 新小がな
ほんみんちょうしんこがな

日本語フォントメニュー名：Ro本明朝新小がなPro　文字セット：A-J1-4(Pro)
英語フォントメニュー名：Ro Hon MinSKok Pro L

#明朝体　#タイプバンク　#本文　#短文　#小見出し

堪へ得ざるが如き悲泣

よもやま話

デザインと文字の関係

Storyteller & Novelist

吾輩は猫である。名前はまだ無い。どこで生れたかとんと見当がつかぬ。何でも薄暗いじめじめした所でニャーニャー泣いていた事だけは記憶している。吾輩はここで始

雀色に染まる空

戀愛神の弱弓では射落されぬ女ぢや

永 あ

あ　あ
L　M

すもダンルン
ぎぱサオミ
おのアオ
あなポミ
AGag39

かわいい
楽しい
レトロ
物語性
和風
パワフル
やさしい
洗練
風格
信頼感
読ませる
クラシック

読ませる
クラシック

文游明朝体
ぶんゆうみんちょうたい

日本語フォントメニュー名：文游明朝体 StdN　文字セット：A-J1-3(StdN)
英語フォントメニュー名：Bunyu Mincho StdN

#明朝体　#字游工房　#本文　#短文　#小見出し

少尉が三人やって来て
由緒ある家

デザインと文字の関係
Storyteller & Novelist

吾輩は猫である。名前はまだ無い。どこで生れたかとんと見当がつかぬ。何でも薄暗いじめじめした所でニャーニャー泣いていた事だけは記憶している。吾輩はここで始

雀色に染まる空

將來せられるものがあつた事でせう

永 あ ぁ

すもダルミン
ぎぱサアポ
おのオミAGag39
あなアポ

游明朝体五号かな
ゆうみんちょうたいごごうかな

日本語フォントメニュー名：游明朝体五号かな　文字セット：-（かな書体）
英語フォントメニュー名：Yu Mincho 5go Kana

#かな明朝体　#字游工房　#本文　#短文　#小見出し

※漢字は游明朝体

やをら立上つて踉蹌と
けふこへて

デザインと文字の関係
Storyteller & Novelist

吾輩は猫である。名前はまだ無い。どこで生れたかとんと見当がつかぬ。何でも薄暗いじめじめした所でニャーニャー泣いていた事だけは記憶している。吾輩はここで始

雀色に染まる空

お生れなさらぬ前の世からのことを

永 あ あ あ あ
　　L R M D

すもダルミン
ぎぱサアポ
おのオミAGag39
あなアポ

秀英明朝
しゅうえいみんちょう

日本語フォントメニュー名：A P-OTF 秀英明朝 Pr6N　文字セット：A-J1-7(Pr6N)
英語フォントメニュー名：A P-OTF Shuei Mincho Pr6N

#明朝体 #モリサワ #本文 #短文 #小見出し #大見出し

永　あ
あ(L)　あ(M)　あ(B)

成長されるこの皇子の美貌と聡明さ (L)

雀色に染まる空 (M)

た事だけは記憶している。吾輩はここで始 (L)

いじめじめした所でニャーニャー泣いてい (L)

生れたかとんと見当がつかぬ。何でも薄暗 (L)

吾輩は猫である。名前はまだ無い。どこで (L)

Storyteller & Novelist (L)

デザインと文字の関係 (M)

お誂え向き (B)

桐壺の更衣の通り路を (L)

あおぎす
なのぱも
アオサダ
ポミルン
AGag39

游ゴシック体
ゆうごしっくたい

日本語フォントメニュー名：游ゴシック体 Pr6N　文字セット：A-J1-7(Pr6N)
英語フォントメニュー名：Yu Gothic Pr6N

#ゴシック体 #字游工房 #本文 #短文 #小見出し #大見出し

永　あ
あ(L)　あ(M)　あ(D)
あ(B)　あ(E)　あ(H)

陸つづきで亞細亞大陸の奥の方から (M)

雀色に染まる空 (B)

た事だけは記憶している。吾輩はここで始 (R)

いじめじめした所でニャーニャー泣いてい (D)

生れたかとんと見当がつかぬ。何でも薄暗 (D)

吾輩は猫である。名前はまだ無い。どこで (R)

Storyteller & Novelist (D)

デザインと文字の関係 (D)

土地の謂れ (E)

退院なさると直でした (L)

あおぎす
なのぱも
アオサダ
ポミルン
AGag39

かわいい
楽しい
レトロ
物語性
和風
パワフル
やさしい
洗練
風格
信頼感
読ませる クラシック

かわいい
楽しい
レトロ
物語性
和風
パワフル
やさしい
洗練
風格
信頼感
読ませる
クラシック

読ませる
クラシック

中ゴシックBBB
ちゅうごしっくびいびいびい

日本語フォントメニュー名：A P-OTF 中ゴシック BBB Pr6N　文字セット：A-J1-7(Pr6N)
英語フォントメニュー名：A P-OTF Gothic BBB Pr6N

#ゴシック体　#モリサワ　#本文　#短文　#小見出し

永 あ
あ

あおぎすも
なのぱもアオサダダン
ポミルン
AGag39

最後にフロルスは詞せはしく問うた

雀色に染まる空

モオツァルトでさえも

平和の集い

デザインと文字の関係

Storyteller & Novelist

吾輩は猫である。名前はまだ無い。どこで生れたかとんと見当がつかぬ。何でも薄暗いじめじめした所でニャーニャー泣いていた事だけは記憶している。吾輩はここで始

Pietro Display Pro
ぴえとろでぃすぷれいぷろ

日本語フォントメニュー名：Pietro Display Pro　文字セット：Pro（ラテン）
英語フォントメニュー名：Pietro Display Pro

#Serif　#モリサワ　#短文　#小見出し　#大見出し

Aa3

Philosophy and Poetry
Bold

a
Thin
a
Light
a
Regular

a
DemiBold
a
Bold

a
Thin Italic
a
Light Italic
a
Italic

a
DemiBold Italic
a
Bold Italic

AS YOUNG READERS LIKE TO KNOW "HOW PEOPLE LOOK," we will take this moment to give them a little sketch of the four sisters, who sat knitting away in the twilight, *while the December snow fell quietly without, and the fire crackled cheerfully within.*
Regular & Italic

A Violin and Piano Duet
DemiBold Italic

Hamburgefonstiv 1726
Thin

Literature & History
Thin Italic & Bold Italic

游明朝体
ゆうみんちょうたい

日本語フォントメニュー名：游明朝体 Pr6N　文字セット：A-J1-7(Pr6N)
英語フォントメニュー名：Yu Mincho Pr6N

#明朝体　#字游工房　#本文　#短文　#小見出し

眼を閉じて暫く考えた

父の温もり

デザインと文字の関係

Storyteller & Novelist

吾輩は猫である。名前はまだ無い。どこで生れたかとんと見当がつかぬ。何でも薄暗いじめじめした所でニャーニャー泣いていた事だけは記憶している。吾輩はここで始

この頃の陽の下を旅する人は見ない

雀色に染まる空

永　あ

あ（D）　あ（M）　あ（R）
あ（L）　あ（E）
あ（B）

すもダン
ぎぱサルン
おのオサミ
あなアポ
AGag39

ヒラギノ UD 明朝
ひらぎのゆーでぃーみんちょう

日本語フォントメニュー名：ヒラギノ UD 明朝 StdN　文字セット：A-J1-3(StdN)
英語フォントメニュー名：Hiragino UD Serif StdN

#UD書体　#ヒラギノ　#本文　#短文　#小見出し

緑豊かな都心の住まい

食育を学ぶ

デザインと文字の関係

Storyteller & Novelist

吾輩は猫である。名前はまだ無い。どこで生れたかとんと見当がつかぬ。何でも薄暗いじめじめした所でニャーニャー泣いていた事だけは記憶している。吾輩はここで始

女性も安心な立地の賃貸マンション

雀色に染まる空

永　あ

あ（W4）　あ（W6）

すもダン
ぎぱサルン
おのオサミ
あなアポ
AGag39

かわいい
楽しい
レトロ
物語性
和風
パワフル
やさしい
洗練
風格
信頼感
読ませる
穏やか

かわいい
楽しい
レトロ
物語性
和風
パワフル
やさしい
洗練
風格
信頼感
読ませる
穏やか

読ませる
穏やか

こぶりなゴシック

日本語フォントメニュー名：こぶりなゴシック StdN　文字セット：A-J1-3(StdN)
英語フォントメニュー名：Koburina Gothic StdN

#ゴシック体　#ヒラギノ　#本文　#短文　#小見出し

永あ
あ あ あ あ
W1 W3 W6 W9

あおぎす
なのぱも
アオサダ
ポミルン
AGag39

泣きたい気持ちになったら読む一冊 W1

デザインと文字の関係 W6

Storyteller & Novelist W3

吾輩は猫である。名前はまだ無い。どこで生れたかとんと見当がつかぬ。何でも薄暗いじめじめした所でニャーニャー泣いていた事だけは記憶している。吾輩はここで始めて人間

雀色に染まる空 W9

次世代に向け地域活性

思い出の街
W3 W6 W3

秀英角ゴシック金
しゅうえいかくごしっくきん

日本語フォントメニュー名：A P-OTF 秀英角ゴシック金 StdN　文字セット：A-J1-3(StdN)
英語フォントメニュー名：A P-OTF Shuei KakuGo Kin StdN

#ゴシック体　#モリサワ　#本文　#短文　#小見出し

永あ
あ あ あ
L M B

あおぎす
なのぱも
アオサダ
ポミルン
AGag39

スプレー缶も分別し指定の集積所へ L

デザインと文字の関係 M

Storyteller & Novelist L

吾輩は猫である。名前はまだ無い。どこで生れたかとんと見当がつかぬ。何でも薄暗いじめじめした所でニャーニャー泣いていた事だけは記憶している。吾輩はここで始めて人間

雀色に染まる空 B

車いすバスケ部員募集

読み聞かせ
M B L

Areon Pro
あれおんぷろ

日本語フォントメニュー名：Areon Pro　文字セット：Pro（ラテン）
英語フォントメニュー名：Areon Pro

#Serif　#モリサワ　#本文　#短文　#小見出し　#大見出し

Aa3

a — ExtraLight
a — Light
a — Regular
a — Medium
a — Bold
a — ExtraBold
a — ExtraLight Italic
a — Light Italic
a — Italic
a — Medium Italic
a — Bold Italic
a — ExtraBold Italic

Philosophy and Poetry
Medium

AS YOUNG READERS LIKE TO KNOW "HOW PEOPLE LOOK," we will take this moment to give them a little sketch of the four sisters, who sat knitting away in the twilight, *while the December snow fell quietly without, and the fire crackled cheer-*
Regular & Italic

Home Cooking Recipes
Bold Italic

Hamburgefonstiv 1726
ExtraLight

Healthy **Eating**
Light & ExtraBold

RS Skolar PE
ろぜったすこらーぴーいー

日本語フォントメニュー名：MP RSSkolar PE　文字セット：-（ラテン）
英語フォントメニュー名：MP RSSkolar PE

#Serif　#Rosetta　#本文　#短文　#小見出し

Aa3

a — Regular
a — Semibold
a — Bold

Philosophy and Poetry
SemiBold

AS young readers like to know "HOW PEOPLE LOOK," we will take this moment to give them a little sketch of the four sisters, who sat knitting away in the twilight, while the December snow fell quietly without, and the fire crackled cheerfully within.
Regular

EDUCATIONAL INSTITUTION
Bold

Hamburgefonstiv 1726
Regular

Academic **Research**
Regular & Bold

かわいい
楽しい
レトロ
物語性
和風
パワフル
やさしい
洗練
風格
信頼感
読ませる
穏やか

かわいい
楽しい
レトロ
物語性
和風
パワフル
やさしい
洗練
風格
信頼感
読ませる
客観的

読ませる
客観的

黎ミン
れいみん

日本語フォントメニュー名：A P-OTF 黎ミン Pr6N　文字セット：A-J1-7(Pr6N)
英語フォントメニュー名：A P-OTF Reimin Pr6N

#明朝体 #モリサワ #本文 #短文 #小見出し #大見出し

永あ
あ(L) あ(R) あ(M) あ(B)
あ(EB) あ(H) あ(EH) あ(U)

あおぎす
なのぱも
アオサダ
ポミルン
AGag39

ネットならたったの5分で口座開設 (L)
デザインと文字の関係 (B)
Storyteller & Novelist (M)

吾輩は猫である。名前はまだ無い。どこで生れたかとんと見当がつかぬ。何でも薄暗いじめじめした所でニャーニャー泣いていた事だけは記憶している。吾輩はここで始めて人間 (R)

今日の株価をチェック
実践英会話
雀色に染まる空

ヒラギノ明朝
ひらぎのみんちょう

日本語フォントメニュー名：ヒラギノ明朝 ProN　文字セット：A-J1-5(ProN)
英語フォントメニュー名：Hiragino Mincho ProN

#明朝体 #ヒラギノ #本文 #短文 #小見出し #大見出し

永あ
あ(W2) あ(W3) あ(W4) あ(W5)
あ(W6) あ(W7) あ(W8)

あおぎす
なのぱも
アオサダ
ポミルン
AGag39

実践で学ぶ現場マネジメントの鉄則 (W2)
デザインと文字の関係 (W6)
Storyteller & Novelist (W4)

吾輩は猫である。名前はまだ無い。どこで生れたかとんと見当がつかぬ。何でも薄暗いじめじめした所でニャーニャー泣いていた事だけは記憶している。吾輩はここで始めて人間 (W3)

スタートアップ超戦略
起業ガイド
雀色に染まる空

あおとゴシック

日本語フォントメニュー名：A P-OTF あおとゴシック StdN　文字セット：A-J1-3(StdN)
英語フォントメニュー名：A P-OTF Aoto Gothic StdN

#ゴシック体　#モリサワ　#本文　#短文　#小見出し

永あ
あ あ あ あ
EL L R M
あ あ あ
DB B EB

あおぎす
なのぱも
アオサダ
ポミルン
AGag39

観光におけるサステナビリティ再考 FL
デザインと文字の関係 DB
Storyteller & Novelist M

吾輩は猫である。名前はまだ無い。どこで生れたかとんと見当がつかぬ。何でも薄暗いじめじめした所でニャーニャー泣いていた事だけは記憶している。吾輩はここで始めて人間 R

雀色に染まる空 EB

プロ直伝メディア集客
経済コラム L
B

凸版文久ゴシック
とっぱんぶんきゅうごしっく

日本語フォントメニュー名：A P-OTF 凸版文久ゴ Pr6N　文字セット：A-J1-7(Pr6N)
英語フォントメニュー名：A P-OTF Bunkyu Gothic Pr6N

#ゴシック体　#モリサワ　#本文　#短文　#小見出し

永あ
あ あ
R DB

あおぎす
なのぱも
アオサダ
ポミルン
AGag39

経営者が身につけたい15のスキル R
デザインと文字の関係 R
Storyteller & Novelist R

吾輩は猫である。名前はまだ無い。どこで生れたかとんと見当がつかぬ。何でも薄暗いじめじめした所でニャーニャー泣いていた事だけは記憶している。吾輩はここで始めて人間 R

雀色に染まる空 DB

職場で使える褒め言葉
自己投資術 DB
R DB

かわいい

楽しい

レトロ

物語性

和風

パワフル

やさしい

洗練

風格

信頼感

読ませる
客観的

ヒラギノUD角ゴ
ひらぎのゆーでぃーかくご

日本語フォントメニュー名：ヒラギノUD角ゴ StdN　文字セット：A-J1-3(StdN)
英語フォントメニュー名：Hiragino UD Sans StdN

#UD書体　#ヒラギノ　#短文　#小見出し　#大見出し

永あ
あ あ あ あ
W3 W4 W5 W6

あおぎす
なのぱも
アオサダ
ポミルン
AGag39

僧侶が教えるマインドフルネス入門
W3

デザインと文字の関係
W5

Storyteller & Novelist
W4

吾輩は猫である。名前はまだ無い。どこで生れたかとんと見当がつかぬ。何でも薄暗いじめじめした所でニャーニャー泣いていた事だけは記憶している。吾輩はここで始めて人間
W3

アウトプット変革教本

集中力向上
W6 W3

雀色に染まる空
W6

Sharoa Pro
しゃろあぷろ

日本語フォントメニュー名：Sharoa Pro　文字セット：Pro（ラテン）
英語フォントメニュー名：Sharoa Pro

#Sans Serif　#モリサワ　#本文　#短文　#小見出し　#大見出し

Aa3

a a a
UltraLight ExtraLight Light

a a a
Regular Medium DemiBold

a a a
Bold ExtraBold Heavy

a
Ultra

a a a
UltraLight ExtraLight Light
Italic Italic Italic

a a a
Italic Medium DemiBold
Italic Italic

a a a
Bold Italic ExtraBold Heavy
Italic Italic

a
Ultra Italic

Philosophy and Poetry
DemiBold

AS YOUNG READERS LIKE TO KNOW "HOW PEOPLE LOOK," we will take this moment to give them a little sketch of the four sisters, who sat knitting away in the twilight, *while the December snow fell quietly without, and the fire crackled cheerfully within.*
Regular & Italic

Strive for Sustainability
ExtraBold Italic

Hamburgefonstiv 1726
UltraLight

Clean **Energy**
ExtraLight & Ultra

かわいい
楽しい
レトロ
物語性
和風
パワフル
やさしい
洗練
風格
信頼感
読ませる
客観的

Role Sans Text Pro
ろーるさんずてきすとぷろ

日本語フォントメニュー名：Role Sans Text Pro　文字セット：Pro（ラテン）
英語フォントメニュー名：Role Sans Text Pro

#Sans Serif　#モリサワ　#本文　#短文　#小見出し　#大見出し

Aa3

a Thin　a ExtraLight　a Light
a Regular　a Medium　a Bold
a ExtraBold　a Heavy　a Black
a Thin Italic　a ExtraLight Italic　a Light Italic
a Italic　a Medium Italic　a Bold Italic
a ExtraBold Italic　a Heavy Italic　a Black Italic

Philosophy and Poetry
Medium

AS young readers like to know "HOW PEOPLE LOOK," we will take this moment to give them a little sketch of the four sisters, who sat knitting away in the twilight, *while the December snow fell quietly without, and the fire crackled cheerfully within.*
Regular & Italic

Business Management
Medium Italic

Hamburgefonstiv 1726
Thin

Growth **Hacking**
Light & Black

Role Serif Display Pro
ろーるせりふでぃすぷれいぷろ

日本語フォントメニュー名：Role Serif Display Pro　文字セット：Pro（ラテン）
英語フォントメニュー名：Role Serif Display Pro

#Serif　#モリサワ　#本文　#短文　#小見出し

Aa3

a ExtraLight　a Light　a Regular
a Medium　a Bold　a ExtraBold
a Heavy
a ExtraLight Italic　a Light Italic　a Italic
a Medium Italic　a Bold Italic　a ExtraBold Italic
a Heavy Italic

Philosophy and Poetry
Medium

AS YOUNG READERS LIKE TO KNOW "HOW PEOPLE LOOK," we will take this moment to give them a little sketch of the four sisters, who sat knitting away in the twilight, *while the December snow fell quietly without, and the fire crackled cheerfully within.*
Regular & Italic

A Manual for Publication
Bold Italic

Hamburgefonstiv 1726
Regular

Corporate **Value**
Light & ExtraBlack

137

英文読解講座①

「不思議の国のアリス」を英語で読む
第1章 兎の穴へ

Down the Rabbit Hole

Alice was beginning to get very tired of sitting by he[r]
sister on the bank, and of having nothing to do: once
or twice she had peeped into the book her sister was
reading, but it had no pictures or conversations in it,
"and what is the use of a book," thought Alice,
"without pictures or conversations?"

月夜と眼鏡

The moonlight and the glasses

町も、野も、いたるところ、緑の葉につつまれているころでありました。ランプの火が、あたりを平和に照らしていました。おばあさんは、もういい年でありましたから、目がかすんで、針のめどによく糸が通らないので、ランプの火に、いくたびも、すかしてながめたり、また、しわのよった指さきで、ほそい糸をよったりしていました。

眠い町

Sleepy Town

ケーがこの世界を旅行したことがありました。ある日、彼は不思議な町にきました。この町は「眠い町」という名がついておりました。見ると、なんとなく活気がない。また音ひとつ聞こえてこない寂然とした町であります。また建物といっては、いずれも古びていて、壊れ

特徴で探す

使いたい書体を「15の特徴」で探せるよう
カテゴライズ。 イメージする書体の
デザインや制作物の媒体から
フォントを選ぶことができます。

※本項では「Morisawa Fonts」で提供される書体のうち代表的なものを掲載しています。

ペン字・手書き

ペンや小筆などを利用した手書き文字を再現したデザインです。手書きならではの自由な字形や、筆記用具に由来する個性的な風合いが特徴です。スピード感のあるメモ書きのような作風から、ゆっくり丁寧に書かれた手紙をイメージさせる書体まで、肉声感のある表現に最適です。

ぺんぱる	デザインと文字の関係性
あ	あなたの愛読書とステキなGraphic19選
モリサワ｜A P-OTF ぺんぱる StdN	▶ p.81

プフ ホリデー	デザインと文字の関係性
あ	あなたの愛読書とステキなGraphic19選
モリサワ｜A P-OTF プフ ホリデー Min2	▶ p.21, p.81

トーキング	デザインと文字の関係性
あ	あなたの愛読書とステキなGraphic19選
モリサワ｜A P-OTF トーキング StdN	▶ p.51, p.76

シネマレター	デザインと文字の関係性
あ	あなたの愛読書とステキなGraphic19選
モリサワ｜A-OTF シネマレター Std	▶ p.50, p.164

くろまめ	デザインと文字の関係性
あ	あなたの愛読書とステキなGraphic19選
モリサワ｜A P-OTF くろまめ StdN	▶ p.50, p.164

タカポッキ	デザインと文字の関係性
あ	あなたの愛読書とステキなGraphic19選
モリサワ｜A-OTF タカポッキ Min	▶ p.29,

タカ風太 たかふうた	デザインと文字の関係性
あ	あなたの愛読書とステキなGraphic19選
モリサワ｜A P-OTF タカ風太 Min2	▶ p.22

側タブ：
筆文字 / にじみ / 連綿・リガチャ・スワッシュ / 装飾的 / 太さ / コントラスト / 字面 / 長体（コンデンス） / スタイル展開 / 新聞・記事 / オンスクリーン / 教育用 / UDフォント / 多言語対応ファミリー

小琴 遊かな
こきんゆうかな

あ

モリサワ｜A P-OTF 小琴遊かな StdN

デザインと文字の関係性
あなたの愛読書とステキな Graphic19選

▶ p.80, p.147

武蔵野 草かな
むさしのそうかな

あ

モリサワ｜A-OTF 武蔵野草かな Std

デザインと文字の関係性
あなたの愛読書とステキな Graphic19選

※漢字は武蔵野

はせ筆
はせふで

あ

モリサワ｜A P-OTF はせ筆 StdN

デザインと文字の関係性
あなたの愛読書とステキな Graphic19選

▶ p.61, p.147, p.150

白妙
しろたえ

あ あ
L M

モリサワ｜A P-OTF 白妙 StdN

デザインと文字の関係性
あなたの愛読書とステキな Graphic19選

▶ p.80, p.157

TBカリグラゴシック
てぃーびーかりぐらごしっく

あ あ あ
R E U

タイプバンク｜TBカリグラゴシック Std

デザインと文字の関係性
あなたの愛読書とステキな Graphic19選

※R のみ Morisawa Fonts に搭載

▶ p.37

Abelha Pro
あべーりゃぷろ

a a a

3ウエイト3書体｜ExtraLight−DemiBold
モリサワ｜Abelha Pro

Typography & DESIGN
19 of your favorite books and lovely graphics.

▶ p.89, p.151, p.158

ペン字・手書き

筆文字

にじみ

連綿・リガチャ・スワッシュ

装飾的

太さ

コントラスト

字面

（コンデンス）長体

スタイル展開

新聞・記事

オンスクリーン

教育用

UDフォント

多言語対応ファミリー

ペン字・手書き
筆文字
にじみ
連絡・リガチャ・スワッシュ
装飾的
太さ
コントラスト
字面
長体（コンデンス）
スタイル展開
新聞・記事
オンスクリーン
教育用
UDフォント
多言語対応ファミリー

筆文字
楷書体

書の長い伝統の中で生まれた「隷書」「行書」「草書」「楷書」などの書体の他に、「勘亭流」「髭文字」「教科書体」など、文化や社会の流れの中から生まれた筆文字があります。また、近年ではより自由な発想を取り入れたデザイン系の筆文字も多く登場しています。

正楷書 CB1
せいかいしょしいびいわん

あ

モリサワ｜A-OTF 正楷書 CB1 Pr5

デザインと文字の関係性
あなたの愛読書とステキな Graphic19選

新正楷書 CBSK1
しんせいかいしょしいびいえすけいわん

あ

モリサワ｜A P-OTF 新正楷書 CBSK1 Pr5N

デザインと文字の関係性
あなたの愛読書とステキな Graphic19選

▶ p.109

楷書 MCBK1
かいしょえむしいびいけいわん

あ

モリサワ｜A P-OTF 楷書 MCBK1 ProN

デザインと文字の関係性
あなたの愛読書とステキな Graphic19選

▶ p.55, p.154

欧体楷書
おうたいかいしょ

あ

モリサワ｜A P-OTF 欧体楷書 StdN

デザインと文字の関係性
あなたの愛読書とステキな Graphic19選

▶ p.85

日活正楷書体
にっかつせいかいしょたい

あ

タイプバンク｜Ro日活正楷書体 Std

デザインと文字の関係性
あなたの愛読書とステキな Graphic19選

▶ p.112

花蓮華
はなれんげ

あ　あ　あ
L　M　B

タイプバンク｜RA花蓮華 Std

デザインと文字の関係性
あなたの愛読書とステキな Graphic19選

▶ p.84

昭和楷書
しょうわかいしょ

あ

昭和書体｜A_KSO 昭和楷書

デザインと文字の関係性
あなたの愛読書とステキな Graphic19選

▶ p.65

角新行書
かくしんぎょうしょ

あ あ
L M

モリサワ｜A P-OTF 角新行書 StdN

デザインと文字の関係性
あなたの愛読書とステキな Graphic19選

▶ p.54

錦麗行書
きんれいぎょうしょ

あ

モリサワ｜A P-OTF 錦麗行書 StdN

デザインと文字の関係性
あなたの愛読書とステキな Graphic19選

▶ p.59

澄月
ちょうげつ

あ

モリサワ｜A P-OTF 澄月 Min2

デザインと文字の関係性
あなたの愛読書とステキな Graphic19選

▶ p.59, p.151

篠
しの

あ あ
M B

タイプバンク｜Ro篠 Std

デザインと文字の関係性
あなたの愛読書とステキな Graphic19選

▶ p.54

羽衣
はごろも

あ あ
M B

タイプバンク｜Ro羽衣 Std

デザインと文字の関係性
あなたの愛読書とステキな Graphic19選

▶ p.53

ヒラギノ行書
ひらぎのぎょうしょ

あ あ
W4 WB

ヒラギノ｜ヒラギノ行書 StdN

デザインと文字の関係性
あなたの愛読書とステキな Graphic19選

▶ p.53

江川活版三号行書仮名
えがわかっぱんさんごうぎょうしょかな

あ

ヒラギノ｜江川活版三号行書仮名

デザインと文字の関係性
あなたの愛読書とステキな Graphic19選

※漢字はヒラギノ明朝

▶ p.101

ペン字・手書き

筆文字

にじみ

連綿・リガチャ・スワッシュ

装飾的

太さ

コントラスト

字面

（コンデンス）長体

スタイル展開

新聞・記事

オンスクリーン

教育用

UDフォント

多言語対応ファミリー

隷書 E1
れいしょいーわん

あ

モリサワ｜A P-OTF 隷書 E1 StdN

デザインと文字の関係性
あなたの愛読書とステキな Graphic19選

▶ p.102, p.163

隷書101
れいしょいちまるいち

あ

モリサワ｜A P-OTF 隷書101 StdN

デザインと文字の関係性
あなたの愛読書とステキな Graphic19選

▶ p.49

陸隷
りくれい

あ

モリサワ｜A P-OTF 陸隷 StdN

デザインと文字の関係性
あなたの愛読書とステキな Graphic19選

▶ p.44

花牡丹
はなぼたん

あ

タイプバンク｜RA花牡丹 Std

デザインと文字の関係性
あなたの愛読書とステキな Graphic19選

▶ p.48

TB古印体
てぃーびーこいんたい

あ

タイプバンク｜RoTB古印体 Std

デザインと文字の関係性
あなたの愛読書とステキな Graphic19選

▶ p.49

ペン字・手書き

筆文字

にじみ

連綿・リガチャ・スワッシュ

装飾的

太さ

コントラスト

字面

長体（コンデンス）

スタイル展開

新聞・記事

オンスクリーン

教育用

UDフォント

多言語対応ファミリー

かもめ龍爪
かもめりゅうそう

あ

モリサワ｜A P-OTF かもめ龍爪 StdN

デザインと文字の関係性

あなたの愛読書とステキな Graphic19選

▶ p.100

みちくさ

あ

モリサワ｜A P-OTF みちくさ StdN

デザインと文字の関係性

あなたの愛読書とステキな Graphic19選

▶ p.58, p.81, p.151, p.160

徐明
じょみん

あ

モリサワ｜A-OTF 徐明 Std

デザインと文字の関係性

あなたの愛読書とステキな Graphic19選

▶ p.87, p.157

花胡蝶
はなこちょう

あ あ あ
L　M　B

タイプバンク｜RA花胡蝶 Std

デザインと文字の関係性

あなたの愛読書とステキな Graphic19選

▶ p.44

さくらぎ蛍雪
さくらぎけいせつ

あ

モリサワ｜A P-OTF さくらぎ蛍雪 StdN

デザインと文字の関係性

あなたの愛読書とステキな Graphic19選

▶ p.58

ペン字・手書き

筆文字

にじみ

連綿・リガチャ・スワッシュ

装飾的

太さ

コントラスト

字面

長体（コンデンス）

スタイル展開

新聞・記事

オンスクリーン

教育用

UDフォント

多言語対応ファミリー

教科書 ICA きょうかしょあいしいえい	デザインと文字の関係性 あなたの愛読書とステキな Graphic19選
あ あ あ L R M モリサワ｜A P-OTF 教科書 ICA ProN	▶ p.109, p.176

游教科書体 New ゆうきょうかしょたいにゅー	デザインと文字の関係性 あなたの愛読書とステキな Graphic19選
あ あ あ あ M 横用M B 横用B 字游工房｜游教科書体 New	▶ p.176

勘亭流 かんていりゅう	デザインと文字の関係性 あなたの愛読書とステキな Graphic19選
あ モリサワ｜A P-OTF 勘亭流 StdN	▶ p.62, p.154, p.164

游勘亭流 ゆうかんていりゅう	デザインと文字の関係性 あなたの愛読書とステキな Graphic19選
あ 字游工房｜游勘亭流 OTF	▶ p.62

ひげ文字 ひげもじ	デザインと文字の関係性 あなたの愛読書とステキな Graphic19選
あ モリサワ｜A-OTF ひげ文字 Std	▶ p.63, p.72, p.153

剣閃
けんせん

あ

モリサワ｜A P-OTF 剣閃 StdN

デザインと文字の関係性
あなたの愛読書とステキな Graphic19選

▶ p.55, p.67

うたよみ

あ

モリサワ｜A P-OTF うたよみ StdN

デザインと文字の関係性
あなたの愛読書とステキな Graphic19選

▶ p.48

黒曜
こくよう

あ

モリサワ｜A P-OTF 黒曜 StdN

デザインと文字の関係性
あなたの愛読書とステキな Graphic19選

▶ p.70, p.155

小琴 京かな
こきんきょうかな

あ

モリサワ｜A P-OTF 小琴京かな StdN

デザインと文字の関係性
あなたの愛読書とステキな Graphic19選

▶ p.60

小琴 遊かな
こきんゆうかな

あ

モリサワ｜A P-OTF 小琴遊かな StdN

デザインと文字の関係性
あなたの愛読書とステキな Graphic19選

▶ p.80, p.141

はせ筆
はせふで

あ

モリサワ｜A P-OTF はせ筆 StdN

デザインと文字の関係性
あなたの愛読書とステキな Graphic19選

▶ p.61, p.141, p.150

那欽
なちん

あ

モリサワ｜A-OTF 那欽 Std

デザインと文字の関係性
あなたの愛読書とステキな Graphic19選

▶ p.61

ペン字・手書き

筆文字

にじみ

連綿・リガチャ・スワッシュ

装飾的

太さ

コントラスト

字面

長体（コンデンス）

スタイル展開

新聞・記事

オンスクリーン

教育用

UDフォント

多言語対応ファミリー

プリティー桃
ぷりてぃーもも

あ

モリサワ｜A P-OTF プリティー桃 StdN

デザインと文字の関係性
あなたの愛読書とステキなGraphic19選

▶ p.28, p.164

すずむし

あ

モリサワ｜A P-OTF すずむし StdN

デザインと文字の関係性
あなたの愛読書とステキなGraphic19選

▶ p.18, p.166

闘龍
とうりゅう

あ

昭和書体｜A_KSO 闘龍

デザインと文字の関係性
あなたの愛読書とステキなGraphic19選

▶ p.56

銀龍
ぎんりゅう

あ

昭和書体｜A_KSO 銀龍

デザインと文字の関係性
あなたの愛読書とステキなGraphic19選

▶ p.56

黒龍
こくりゅう

あ

昭和書体｜A_KSO 黒龍

デザインと文字の関係性
あなたの愛読書とステキなGraphic19選

▶ p.68

陽炎
かげろう

あ

昭和書体｜A_KSO 陽炎

デザインと文字の関係性
あなたの愛読書とステキなGraphic19選

にじみ

活版印刷や写真植字機による紙面上でのインクのにじみを再現しています。溶けたような独特のアウトラインや、アナログならではの魅力が詰まったゆらぎのある輪郭により、デジタル上においてもテクスチャや情感を生み出すことが可能です。

A1明朝
えいわんみんちょう

あ

モリサワ｜A-OTF A1明朝 Std

デザインと文字の関係性
あなたの愛読書とステキな Graphic19選

▶ p.83, p.171

A1ゴシック
えいわんごしっく

あ あ あ **あ**
L R M B

モリサワ｜A P-OTF A1ゴシック StdN

デザインと文字の関係性
あなたの愛読書とステキな Graphic19選

▶ p.78, p.165, p.171

くれたけ銘石
くれたけめいせき

あ

モリサワ｜A P-OTF くれたけ銘石 StdN

デザインと文字の関係性
あなたの愛読書とステキな Graphic19選

▶ p.35, p.98

秀英にじみ明朝
しゅうえいにじみみんちょう

あ

モリサワ｜A P-OTF 秀英にじみ明朝 StdN

デザインと文字の関係性
あなたの愛読書とステキな Graphic19選

秀英にじみ四号かな
しゅうえいにじみよんごうかな

あ

モリサワ｜A P-OTF 秀英にじみ四号 StdN

デザインと文字の関係性
あなたの愛読書とステキな Graphic19選

▶ p.95

秀英にじみ四号太かな
しゅうえいにじみよんごうふとかな

あ

モリサワ｜A P-OTF 秀英にじみ四号太 StdN

デザインと文字の関係性
あなたの愛読書とステキな Graphic19選

▶ p.66

秀英にじみアンチック
しゅうえいにじみあんちっく

あ

モリサワ｜A P-OTF 秀英にじみアンチ StdN

デザインと文字の関係性
あなたの愛読書とステキな Graphic19選

▶ p.51

ペン字・手書き

筆文字

にじみ

連綿・リガチャ・スワッシュ

装飾的

太さ

コントラスト

字面

（コンデンス）長体

スタイル展開

新聞・記事

オンスクリーン

教育用

UDフォント

多言語対応ファミリー

秀英にじみ角ゴシック金
しゅうえいにじみかくごしっくきん
あ
モリサワ｜A P-OTF 秀英にじみ角ゴ金 StdN

デザインと文字の関係性
あなたの愛読書とステキなGraphic19選

秀英にじみ角ゴシック銀
しゅうえいにじみかくごしっくぎん
あ
モリサワ｜A P-OTF 秀英にじみ角ゴ銀 StdN

デザインと文字の関係性
あなたの愛読書とステキなGraphic19選

▶ p.102

秀英にじみ丸ゴシック
しゅうえいにじみまるごしっく
あ
モリサワ｜A P-OTF 秀英にじみ丸ゴ StdN

デザインと文字の関係性
あなたの愛読書とステキなGraphic19選

▶ p.78

武蔵野
むさしの
あ
モリサワ｜A P-OTF 武蔵野 StdN

デザインと文字の関係性
あなたの愛読書とステキなGraphic19選

▶ p.60

はせ筆
はせふで
あ
モリサワ｜A P-OTF はせ筆 StdN

デザインと文字の関係性
あなたの愛読書とステキなGraphic19選

▶ p.61, p.141, p.147

Citrine Pro
しとりんぷろ
a a **a** *a*
4ウエイト8書体｜Light–Bold & Italics
モリサワ｜MO Citrine Pro

Typography & DESIGN
19 of your favorite books and lovely graphics.

Rocio Pro
ろしおぷろ
a a **a** *a*
4ウエイト8書体｜Regular–Heavy & Italics
モリサワ｜Rocio Pro

Typography & DESIGN
19 of your favorite books and lovely graphics.

▶ p.79, p.151

連綿・リガチャ・スワッシュ

連綿・リガチャ・スワッシュを使うと、特定の文字が通常とは異なる字形に切り替わり、手で書いたような続け書きのニュアンスやカリグラフィ由来の装飾的な華やかさを演出できます。文字の並びに応じて自動的に字形が変わるフォントもあります。使用方法については P.229を参照ください。

ペン字・手書き

筆文字

にじみ

連綿・リガチャ・スワッシュ

装飾的

太さ

コントラスト

字面

（コンデンス）長体

スタイル展開

新聞・記事

オンスクリーン

教育用

UDフォント

多言語対応ファミリー

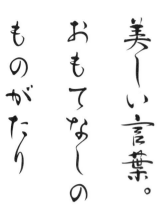

モリサワ
A P-OTF 澄月 Min2
▶ p.59, p.143

モリサワ
A P-OTF みちくさ StdN
▶ p.58, p.81, p.145, p.160

Abelha Pro
あべーりゃぷろ

a a a

3ウエイト3書体｜ExtraLight—DemiBold
モリサワ｜Abelha Pro

Typography & DESIGN

19 of your favorite books and lovely graphics.

▶ p.89, p.141, p.158

Rocio Pro
ろしおぷろ

a a a a

4ウエイト8書体｜Regular—Heavy & Italics
モリサワ｜Rocio Pro

Typography & DESIGN

19 of your favorite books and lovely graphics.

▶ p.79, p150

Pietro Display Pro
ぴえとろでぃすぷれいぷろ

a a a a a

5ウエイト10書体｜Thin—Bold & Italics
モリサワ｜Pietro Display Pro

Typography & DESIGN

19 of your favorite books and lovely graphics.

▶ p.130

ペン字・手書き

筆文字

にじみ

連綿・リガチャ・スワッシュ

装飾的

太さ

コントラスト

字面

（コンデンス）長体

スタイル展開

新聞・記事

オンスクリーン

教育用

UDフォント

多言語対応ファミリー

装飾的

白抜きやエンボスをはじめとした、アプリケーション上で加工し装飾されることの多いデザインパターンがあらかじめフォントとして用意されています。迅速かつ容易に、変化に富んだ表現を利用することが可能で、店頭ＰＯＰやパッケージ、チラシやコミックなどの利用に最適です。

新ゴ シャドウ
しんごしゃどう

あ

モリサワ｜A-OTF 新ゴ Min シャドウ

デザインと文字の関係性
あなたの愛読書とステキなGraphic19選

新ゴ エンボス
しんごえんぼす

あ

モリサワ｜A-OTF 新ゴ Min エンボス

デザインと文字の関係性
あなたの愛読書とステキなGraphic19選

新ゴ ライン
しんごらいん

あ

モリサワ｜A-OTF 新ゴ Min ライン

デザインと文字の関係性
あなたの愛読書とステキなGraphic19選

新ゴ 太ライン
しんごふとらいん

あ

モリサワ｜A-OTF 新ゴ Min 太ライン

デザインと文字の関係性
あなたの愛読書とステキなGraphic19選

新丸ゴ シャドウ
しんまるごしゃどう

あ

モリサワ｜A-OTF 新丸ゴ Min シャドウ

デザインと文字の関係性
あなたの愛読書とステキなGraphic19選

新丸ゴ エンボス
しんまるごえんぼす

あ

モリサワ｜A-OTF 新丸ゴ Min エンボス

デザインと文字の関係性
あなたの愛読書とステキなGraphic19選

新丸ゴ ライン
しんまるごらいん

あ

モリサワ｜A-OTF 新丸ゴ Min ライン

デザインと文字の関係性
あなたの愛読書とステキなGraphic19選

| 新丸ゴ 太ライン | デザインと文字の関係性 |
| しんまるごふとらいん | あなたの愛読書とステキなGraphic19選 |

あ

モリサワ｜A-OTF 新丸ゴ Min 太ライン

| トンネル | デザインと文字の関係性 |
| | あなたの愛読書とステキなGraphic19選 |

あ あ
細線 太線

モリサワ｜A-OTF トンネル Min

▶ p.31, p.155

| イカヅチ | デザインと文字の関係性 |
| | あなたの愛読書とステキなGraphic19選 |

あ

モリサワ｜A P-OTF イカヅチ StdN

▶ p.68

| ひげ文字 | デザインと文字の関係性 |
| ひげもじ | あなたの愛読書とステキなGraphic19選 |

あ

モリサワ｜A-OTF ひげ文字 Std

▶ p.63, p.72, p.146

| 翠流デコロマン | デザインと文字の関係性 |
| すいりゅうでころまん | あなたの愛読書とステキなGraphic19選 |

あ

モリサワ｜A P-OTF 翠流デコロマン StdN

▶ p.39

| 白のアリス | デザインと文字の関係性 |
| しろのありす | あなたの愛読書とステキなGraphic19選 |

あ

タイプバンク｜TB白のアリス Min2

▶ p.40

| Zingha Pro | Typography & DESIGN |
| じんはーぷろ | 19 of your favorite books and lovely graphics. |

a a a a

4ウエイト8書体｜Regular–Bold & Italics
モリサワ｜Zingha Pro

▶ p.41

ペン字・手書き

筆文字

にじみ

連綿・リガチャ・スワッシュ

装飾的

太さ

コントラスト

字面

長体（コンデンス）

スタイル展開

新聞・記事

オンスクリーン

教育用

UDフォント

多言語対応ファミリー

ペン字・手書き

筆文字

にじみ

連絡・リガチャ・スワッシュ

装飾的

太さ

コントラスト

字面

（コンデンス）長体

スタイル展開

新聞・記事

オンスクリーン

教育用

UDフォント

多言語対応ファミリー

太さ
極太・和文基本書体

極太書体と極細書体は、どちらも主に見出し用途を想定してデザインされています。大きく使うことで極太書体はパワフルな印象を、極細書体はシャープな印象を演出します。幅広いウエイト展開を持つ書体も多く、文字サイズや用途で細かく使い分けることができます。

リュウミン

あ あ あ あ あ あ あ あ
L-KL R-KL M-KL B-KL EB-KL H-KL EH-KL U-KL

モリサワ｜A P-OTF リュウミン Pr6N

デザインと文字の関係性
あなたの愛読書とステキな Graphic19選

▶ p.125

黎ミンY40
れいみんわいよんじゅう

あ あ あ あ あ
B EB H EH U

モリサワ｜A P-OTF 黎ミンY40 Pr6N

デザインと文字の関係性
あなたの愛読書とステキな Graphic19選

ゴシックMB101
ごしっくえむびいいちまるいち

あ あ あ あ あ あ
L R M DB B HU

モリサワ｜A P-OTF ゴシックMB101 Pr6N

デザインと文字の関係性
あなたの愛読書とステキな Graphic19選

▶ p.67, p.121

ヒラギノ角ゴ
ひらぎのかくご

あ あ あ あ あ あ あ あ あ あ
W0 W1 W2 W3 W4 W5 W6 W7 W8 W9

ヒラギノ｜ヒラギノ角ゴ StdN

デザインと文字の関係性
あなたの愛読書とステキなGraphic19選

▶ p.122, p.157, p.169, p.185

新丸ゴ
しんまるご

あ あ あ あ あ あ
L R M DB B HU

モリサワ｜A P-OTF 新丸ゴ Pr6N

デザインと文字の関係性
あなたの愛読書とステキなGraphic19選

▶ p.32, p.169

楷書MCBK1
かいしょえむしいびいけいわん

あ

モリサワ｜A P-OTF 楷書MCBK1 ProN

デザインと文字の関係性
あなたの愛読書とステキな Graphic19選

▶ p.55, p.142

勘亭流
かんていりゅう

あ

モリサワ｜A P-OTF 勘亭流 StdN

デザインと文字の関係性
あなたの愛読書とステキなGraphic19選

▶ p.62, p.146, p.164

ハルクラフト
はるくらふと

あ

モリサワ｜A-OTF ハルクラフト Std

デザインと文字の関係性
あなたの愛読書とステキなGraphic19選

▶ p.70

G2サンセリフ
じーつーさんせりふ

あ　あ
B　U

タイプバンク｜RoG2サンセリフ StdN

デザインと文字の関係性
あなたの愛読書とステキなGraphic19選

▶ p.47, p.72, p.164

ぶらっしゅ

あ

タイプバンク｜Roぶらっしゅ Std

デザインと文字の関係性
あなたの愛読書とステキなGraphic19選

▶ p.66

トンネル

あ　あ
細線　太線

モリサワ｜A-OTF トンネル Min

デザインと文字の関係性
あなたの愛読書とステキなGraphic19選

▶ p.31, p.153

プフ ピクニック

あ

モリサワ｜A P-OTF プフ ピクニック Min2

デザインと文字の関係性
あなたの愛読書とステキなGraphic19選

▶ p.20

ぽってり

あ　あ　あ　あ
L　R　M　B

モリサワ｜A P-OTF ぽってり Min2

デザインと文字の関係性
あなたの愛読書とステキなGraphic19選

▶ p.20, p.166

黒曜
こくよう

あ

モリサワ｜A P-OTF 黒曜 StdN

デザインと文字の関係性
あなたの愛読書とステキなGraphic19選

▶ p.70, p.147

ペン字・手書き
筆文字
にじみ
連綿・リガチャ・スワッシュ
装飾的
太さ
コントラスト
字面
長体（コンデンス）
スタイル展開
新聞・記事
オンスクリーン
教育用
UDフォント
多言語対応ファミリー

Role Serif Display Pro
ろーるせりふでぃすぷれいぷろ

a a a a a a a
7ウエイト14書体 | ExtraLight—Heavy & Italics
モリサワ | Role Serif Display Pro

Typography & DESIGN
19 of your favorite books and lovely graphics.

▶ p.137, p.172

Vonk Pro
ふぉんくぷろ

a a a a a
5ウエイト10書体 | Regular—Heavy & Italics
モリサワ | Vonk Pro

Typography & DESIGN
19 of your favorite books and lovely graphics.

▶ p.73, p.103, p.161

Eminence Pro
えみねんすぷろ

a a a a a
5ウエイト10書体 | Thin—Black & Italics
モリサワ | Eminence Pro

Typography & DESIGN
19 of your favorite books and lovely graphics.

▶ p.119, p.158, p.175

VibeMO Pro
ゔぁいぶえむおーぷろ

a a a a a
5ウエイト8書体 | Thin—Ultra & Italics
モリサワ | VibeMO Pro

Typography & DESIGN
19 of your favorite books and lovely graphics.

▶ p.73

Tapir Pro
たぴあーぷろ

a a a a a a
6ウエイト12書体 | ExtraLight—Heavy & Italics
モリサワ | Tapir Pro

Typography & DESIGN
19 of your favorite books and lovely graphics.

▶ p.27, p.73

Role Soft Banner Pro
ろーるそふとばなーぷろ

a a a a a a a a a
9ウエイト18書体 | Thin—Black & Italics
モリサワ | Role Soft Banner Pro

Typography & DESIGN
19 of your favorite books and lovely graphics.

▶ p.33, p.176

Rubberblade
らばーぶれーど

a
1ウエイト2書体 | Ultra & UltraItalic
モリサワ | MO Rubberblade

Type & DESIGN
19 of your favorite books

▶ p.69

游明朝体
ゆうみんちょうたい

あ あ あ **あ あ**
L R M D BE

字游工房｜游明朝体 Pr6N

デザインと文字の関係性
あなたの愛読書とステキな Graphic19選

▶ p.131, p.169

明石
あかし

あ

モリサワ｜A-OTF 明石 Std

デザインと文字の関係性
あなたの愛読書とステキな Graphic19選

▶ p.87

徐明
じょみん

あ

モリサワ｜A-OTF 徐明 Std

デザインと文字の関係性
あなたの愛読書とステキな Graphic19選

▶ p.87, p.145

游ゴシック体
ゆうごしっくたい

あ あ あ **あ あ あ あ**
L R M D B EH

字游工房｜游ゴシック体 Pr6N

デザインと文字の関係性
あなたの愛読書とステキな Graphic19選

▶ p.129, p.169

ヒラギノ角ゴ
ひらぎのかくご

あ あ あ あ **あ あ あ あ あ**
W0 W1 W2 W3 W4 W5 W6 W7 W8 W9

ヒラギノ｜ヒラギノ角ゴ StdN

デザインと文字の関係性
あなたの愛読書とステキな Graphic19選

▶ p.122, p.154, p.169, p.185

白妙
しろたえ

あ **あ**
L M

モリサワ｜A P-OTF 白妙 StdN

デザインと文字の関係性
あなたの愛読書とステキな Graphic19選

▶ p.80, p.141

白妙 オールド
しろたえおーるど

あ **あ**
L M

モリサワ｜A P-OTF 白妙 オールド StdN

デザインと文字の関係性
あなたの愛読書とステキな Graphic19選

▶ p.57, p.85, p.166

ペン字・手書き

筆文字

にじみ

連綿・リガチャ・スワッシュ

装飾的

太さ

コントラスト

字面

長体（コンデンス）

スタイル展開

新聞・記事

オンスクリーン

教育用

UDフォント

多言語対応ファミリー

Role Slab Text Pro
ろーるすらぶてきすとぷろ

a a a a **a a a a a**

9ウエイト18書体 | Thin–Black & Italics
モリサワ | Role Slab Text Pro

Typography & DESIGN
19 of your favorite books and lovely graphics.

▶ p.123

Role Sans Text Pro
ろーるさんずてきすとぷろ

a a a a **a a a a a**

9ウエイト18書体 | Thin–Black & Italics
モリサワ | Role Sans Text Pro

Typography & DESIGN
19 of your favorite books and lovely graphics.

▶ p.137

Role Soft Text Pro
ろーるそふとてきすとぷろ

a a a a **a a a a a**

9ウエイト18書体 | Thin–Black & Italics
モリサワ | Role Soft Text Pro

Typography & DESIGN
19 of your favorite books and lovely graphics.

Eminence Pro
えみねんすぷろ

a a a **a a**

5ウエイト10書体 | Thin–Black & Italics
モリサワ | Eminence Pro

Typography & DESIGN
19 of your favorite books and lovely graphics.

▶ p.119, p.156, p.175

Backflip Pro
ばっくふりっぷぷろ

a a **a a a**

5ウエイト10書体 | Thin–Heavy & Italics
モリサワ | Backflip Pro

Typography & DESIGN
19 of your favorite books and lovely graphics.

▶ p.31

Abelha Pro
あべーりゃぷろ

a *a a*

3ウエイト3書体 | ExtraLight–DemiBold
モリサワ | Abelha Pro

Typography & DESIGN
19 of your favorite books and lovely graphics.

▶ p.89, p.141, p.151

コントラスト
ハイコントラスト・明朝体／セリフ体

縦画と横画の太さの差が大きいものを「ハイコントラスト」、差が小さく線画の抑揚が低いものを「ローコントラスト」に分類しています。一般的に明朝体はハイコントラスト、ゴシック体はローコントラストなデザインが多いですが、ここではそれ以外のデザインを中心に取り上げています。

霞白藤
かすみしらふじ

あ あ あ あ
L　R　M　B

モリサワ｜A P-OTF 霞白藤 Min?

デザインと文字の関係性
あなたの愛読書とステキな Graphic19選

▶ p.83, p.98, p.165

光朝
こうちょう

あ

モリサワ｜A-OTF 光朝 Std

デザインと文字の関係性
あなたの愛読書とステキな Graphic19選

▶ p.84

凸版文久見出し明朝
とっぱんぶんきゅうだしみんちょう

あ

モリサワ｜A P-OTF 凸版文久見出明 StdN

デザインと文字の関係性
あなたの愛読書とステキな Graphic19選

▶ p.104

秀英初号明朝
しゅうえいしょごうみんちょう

あ

モリサワ｜A-OTF 秀英初号明朝 Std

デザインと文字の関係性
あなたの愛読書とステキな Graphic19選

▶ p.105

游築見出し明朝体
ゆうつきみだしみんちょうたい

あ

字游工房｜游築見出し明朝体 OTF

デザインと文字の関係性
あなたの愛読書とステキな Graphic19選

▶ p.104

Role Serif Banner Pro
ろーるせりふばなーぷろ

a a a a **a a a**

7ウエイト14書体｜ExtraLight–Heavy & Italics
モリサワ｜Role Serif Banner Pro

Typography & DESIGN
19 of your favorite books and lovely graphics.

▶ p.89

Pistilli Pro
ぴすてぃっりぷろ

a

1書体｜Black
モリサワ｜Pistilli Pro

Typography & DESIGN
19 of your favorite books and lovely graphics.

▶ p.105

ペン字・手書き

筆文字

にじみ

連綿・リガチャ・スワッシュ

装飾的

太さ

コントラスト

字面

（コンデンス）長体

スタイル展開

新聞・記事

オンスクリーン

教育用

UDフォント

多言語対応ファミリー

左側タブ: ペン字・手書き / 筆文字 / にじみ / 連綿・リガチャ・スワッシュ / 装飾的 / 太さ / コントラスト / 字面 / 長体（コンデンス） / スタイル展開 / 新聞・記事 / オンスクリーン / 教育用 / UDフォント / 多言語対応ファミリー

黎ミンY20
れいみんわいにじゅう

ああああああ
R M B EB H EH U

モリサワ｜A P-OTF 黎ミンY20 Pr6N

デザインと文字の関係性
あなたの愛読書とステキなGraphic19選

凸版文久明朝
とっぱんぶんきゅうみんちょう

あ

モリサワ｜A P-OTF 凸版文久明朝 Pr6N

デザインと文字の関係性
あなたの愛読書とステキなGraphic19選

▶ p.126, p.170, p.174

秀英横太明朝
しゅうえいよこぶとみんちょう

あ あ
M B

モリサワ｜A P-OTF 秀英横太明朝 StdN

デザインと文字の関係性
あなたの愛読書とステキなGraphic19選

▶ p.123

きざはし金陵
きざはしきんりょう

あ あ
M B

モリサワ｜A P-OTF きざはし金陵 StdN

デザインと文字の関係性
あなたの愛読書とステキなGraphic19選

▶ p.95, p.165

霞青藍
かすみせいらん

あ あ あ あ
L R M B

モリサワ｜A P-OTF 霞青藍 Min2

デザインと文字の関係性
あなたの愛読書とステキなGraphic19選

▶ p.99, p.165

解ミン月
かいみんつき

あ あ あ あ
R M B H

モリサワ｜A P-OTF 解ミン月 StdN

デザインと文字の関係性
あなたの愛読書とステキなGraphic19選

▶ p.57

みちくさ

あ

モリサワ｜A P-OTF みちくさ StdN

デザインと文字の関係性
あなたの愛読書とステキなGraphic19選

▶ p.58, p.81, p.145, p.151

Role Serif Text Pro
ろーるせりふてきすとぷろ

a a a **a a a a**

7ウエイト14書体｜ExtraLight–Heavy & Italics
モリサワ｜Role Serif Text Pro

Typography & DESIGN
19 of your favorite books and lovely graphics.

▶ p.137

Areon Pro
あれおんぷろ

a a a **a a a**

6ウエイト12書体｜ExtraLight–ExtraBold & Italics
モリサワ｜Areon Pro

Typography & DESIGN
19 of your favorite books and lovely graphics.

▶ p.133, p.175

Vonk Pro
ふぉんくぷろ

a a a a **a**

5ウエイト10書体｜Regular–Heavy & Italics
モリサワ｜Vonk Pro

Typography & DESIGN
19 of your favorite books and lovely graphics.

▶ p.73, p.103, p.156

Lima PE
りーまぴーいー

a a **a**

3ウエイト6書体｜Regular–Bold & Italics
モリサワ｜Lima PE

Typography & DESIGN
19 of your favorite books and lovely graphics.

▶ p.77, p.175

RS Skolar PE
ろぜったすこらーぴーいー

a a **a**

3ウエイト3書体｜Regular–Bold
Rosetta｜MP RSSkolar PE

Typography & DESIGN
19 of your favorite books and lovely graphics.

▶ p.133, p.185

RS Arek Latin
ろぜったあれくらてん

a a **a**

3ウエイト3書体｜Regular–Bold
Rosetta｜MP RSArek Latin

Typography & DESIGN
19 of your favorite books and lovely graphics.

RS Nassim Latin
ろぜったなしむらてん

a a **a**

3ウエイト3書体｜Regular–Bold
Rosetta｜MP RSNassim Latin

Typography & DESIGN
19 of your favorite books and lovely graphics.

▶ p.110

UDタイポス
ゆーでぃーたいぽす

あ あ あ あ
58 510 512 515

タイプバンク｜UDタイポス515 Std

デザインと文字の関係性
あなたの愛読書とステキな Graphic 19 選

▶ p.90, p.180

フォーク

あ あ あ あ
R M B H

モリサワ｜A P-OTF フォーク ProN

デザインと文字の関係性
あなたの愛読書とステキな Graphic19選

▶ p.47, p.90, p.172

丸フォーク
まるふぉーく

あ あ あ あ
R M B H

モリサワ｜A P-OTF 丸フォーク ProN

デザインと文字の関係性
あなたの愛読書とステキな Graphic19選

▶ p.24, p.92, p.172

ラピスエッジ

あ あ あ
L M B

モリサワ｜A P-OTF ラピスエッジ Min2

デザインと文字の関係性
あなたの愛読書とステキな Graphic19選

▶ p.46, p.167

ラピスメルト

あ あ あ
L M B

モリサワ｜A P-OTF ラピスメルト Min2

デザインと文字の関係性
あなたの愛読書とステキな Graphic19選

▶ p.43, p.167

Cetra Display Pro
ちぇとらでぃすぷれいぷろ

a a a

3ウエイト6書体｜Regular−Bold & Italics
モリサワ｜Cetra Display Pro

Typography & DESIGN
19 of your favorite books and lovely graphics.

▶ p.86

Role Sans Banner Pro
ろーるさんずばなーぷろ

a a a a a a a

7ウエイト14書体｜ExtraLight−Heavy & Italicst
モリサワ｜Role Sans Banner Pro

Typography & DESIGN
19 of your favorite books and lovely graphics.

▶ p.93

サイドタブ：
ペン字・手書き／筆文字／にじみ／連綿・リガチャ・スワッシュ／装飾的／太さ／コントラスト／字面／（コンデンス）長体／スタイル展開／新聞・記事／オンスクリーン／教育用／UDフォント／多言語対応ファミリー

書体において、仮想ボディの中の文字の形をした部分を「字面」と呼びます。その大きさは書体によって異なり、字面が大きいものはインパクトのある表現、小さいと上品さや可愛らしさを演出します。ここでは基本書体とデザイン書体で、字面の大小別に分類しています。

黎ミン
れいみん

あ あ あ あ あ あ あ
L R M B EB H EHU

モリサワ｜A P-OTF 黎ミン Pr6N

デザインと文字の関係性
あなたの愛読書とステキな Graphic19選

▶ p.134, p.174

毎日新聞明朝
まいにちしんぶんみんちょう

あ

モリサワ｜A P-OTF 毎日新聞明朝 ProN

デザインと文字の関係性
あなたの愛読書とステキな Graphic19選

▶ p.108, p.173

秀英四号太かな＋
しゅうえいよんごうふとかなぷらす

あ

モリサワ｜A P-OTF 秀英四号太かな＋ StdN

デザインと文字の関係性
あなたの愛読書とステキな Graphic19選

新ゴ
しんご

あ あ あ あ あ あ あ
EL L R M DB B HU

モリサワ｜A P-OTF 新ゴ Pr6N

デザインと文字の関係性
あなたの愛読書とステキな Graphic19選

▶ p.113, p.69

毎日新聞ゴシック
まいにちしんぶんごしっく

あ

モリサワ｜A P-OTF 毎日新聞ゴシック ProN

デザインと文字の関係性
あなたの愛読書とステキな Graphic19選

▶ p.108, p.173

ソフトゴシック

あ あ あ あ あ あ あ
L R M DB B HU

モリサワ｜A-OTF ソフトゴシック Std

デザインと文字の関係性
あなたの愛読書とステキな Graphic19選

▶ p.32

隷書E1
れいしょいーわん

あ

モリサワ｜A P-OTF 隷書E1 StdN

デザインと文字の関係性
あなたの愛読書とステキな Graphic19選

▶ p.102, p.144

ペン字・手書き
筆文字
にじみ
連綿・リガチャ・スワッシュ
装飾的
太さ
コントラスト
字面
長体（コンデンス）
スタイル展開
新聞・記事
オンスクリーン
教育用
UDフォント
多言語対応ファミリー

ペン字・手書き

筆文字

にじみ

連綿・リガチャ・スワッシュ

装飾的

太さ

コントラスト

字面

長体（コンデンス）

スタイル展開

新聞・記事

オンスクリーン

教育用

UDフォント

多言語対応ファミリー

翠流ネオロマン
すいりゅうねおろまん

あ

モリサワ｜A P-OTF 翠流ネオロマン StdN

デザインと文字の関係性
あなたの愛読書とステキなGraphic19選

▶ p.39, p.92

翠流アトラス
すいりゅうあとらす

あ あ あ
R　M　B

モリサワ｜A P-OTF 翠流アトラス StdN

デザインと文字の関係性
あなたの愛読書とステキなGraphic19選

▶ p.46

G2サンセリフ
じーつーさんせりふ

あ あ
B　U

タイプバンク｜RoG2サンセリフ StdN

デザインと文字の関係性
あなたの愛読書とステキなGraphic19選

▶ p.47, p.72, p.155

勘亭流
かんていりゅう

あ

モリサワ｜A P-OTF 勘亭流 StdN

デザインと文字の関係性
あなたの愛読書とステキなGraphic19選

▶ p.62, p.146, p.154

プリティー桃
ぷりてぃーもも

あ

モリサワ｜A P-OTF プリティー桃 StdN

デザインと文字の関係性
あなたの愛読書とステキなGraphic19選

▶ p.28, p.164

くろまめ

あ

モリサワ｜A P-OTF くろまめ StdN

デザインと文字の関係性
あなたの愛読書とステキなGraphic19選

▶ p.50, p.140

シネマレター

あ

モリサワ｜A-OTF シネマレター Std

デザインと文字の関係性
あなたの愛読書とステキなGraphic19選

▶ p.50, p.140

きざはし金陵
きざはしきんりょう

あ あ
M　B

モリサワ｜A P-OTF きざはし金陵 StdN

デザインと文字の関係性
あなたの愛読書とステキな Graphic19選

▶ p.95, p.160

霞青藍
かすみせいらん

あ あ あ あ
L　R　M　B

モリサワ｜A P-OTF 霞青藍 Min2

デザインと文字の関係性
あなたの愛読書とステキな Graphic19選

▶ p.99, p.160

霞白藤
かすみしらふじ

あ あ あ あ
L　R　M　B

モリサワ｜A P-OTF 霞白藤 Min2

デザインと文字の関係性
あなたの愛読書とステキな Graphic19選

▶ p.83, p.98, p.159

A1ゴシック
えいわんごしっく

あ あ あ あ
L　R　M　B

モリサワ｜A P-OTF A1ゴシック StdN

デザインと文字の関係性
あなたの愛読書とステキな Graphic19選

▶ p.78, p.149, p.171

中ゴシックBBB
ちゅうごしっくびいびいびい

あ

モリサワ｜A P-OTF 中ゴシックBBB Pr6N

デザインと文字の関係性
あなたの愛読書とステキな Graphic19選

▶ p.130

あおとゴシック

あ あ あ あ あ あ あ
EL　L　R　M　DB　B　EB

モリサワ｜A P-OTF あおとゴシック StdN

デザインと文字の関係性
あなたの愛読書とステキな Graphic19選

▶ p.92, p.135, p.174

こぶりなゴシック

あ あ あ あ
W1　W3　W6　W9

ヒラギノ｜こぶりなゴシック StdN

デザインと文字の関係性
あなたの愛読書とステキな Graphic19選

▶ p.116, p.132

ペン字・手書き
筆文字
にじみ
連綿・リガチャ・スワッシュ
装飾的
太さ
コントラスト
字面
長体（コンデンス）
スタイル展開
新聞・記事
オンスクリーン
教育用
UDフォント
多言語対応ファミリー

左側のタブ（縦書き）:
ペン字・手書き / 筆文字 / にじみ / 連綿・リガチャ・スワッシュ / 装飾的 / 太さ / コントラスト / 字面 / 長体（コンデンス） / スタイル展開 / 新聞・記事 / オンスクリーン / 教育用 / UDフォント / 多言語対応ファミリー

ちさき
あ
モリサワ｜A P-OTF ちさき Min2

デザインと文字の関係性
あなたの愛読書とステキな Graphic19選
▶ p.35

すずむし
あ
モリサワ｜A P-OTF すずむし StdN

デザインと文字の関係性
あなたの愛読書とステキな Graphic19選
▶ p.18, p.148

プフ ポッケ
あ
モリサワ｜A P-OTF プフ ポッケ Min2

デザインと文字の関係性
あなたの愛読書とステキな Graphic19選
▶ p.21

プフ マーチ
あ
モリサワ｜A P-OTF プフ マーチ Min2

デザインと文字の関係性
あなたの愛読書とステキな Graphic19選
▶ p.19

ぽってり
あ あ あ あ
L R M B
モリサワ｜A P-OTF ぽってり Min2

デザインと文字の関係性
あなたの愛読書とステキな Graphic19選
▶ p.20, p.155

はるひ学園
はるひがくえん
あ
モリサワ｜A-OTF はるひ学園 Std

デザインと文字の関係性
あなたの愛読書とステキな Graphic19選
▶ p.19

白妙 オールド
しろたえおーるど
あ あ
L M
モリサワ｜A P-OTF 白妙 オールド StdN

デザインと文字の関係性
あなたの愛読書とステキな Graphic19選
▶ p.57, p.85, p.157

ペン字・手書き

筆文字

にじみ

連綿・リガチャ・スワッシュ

装飾的

太さ

コントラスト

字面

長体（コンデンス）

スタイル展開

新聞・記事

オンスクリーン

教育用

ＵＤフォント

多言語対応ファミリー

長体（コンデンス）
和文書体

基準となる書体に比べて横幅が狭く設計されているコンデンス書体は、表示スペースが限られるシーンやオンスクリーン上などで活躍します。長体利用に最適化されたデザインになっているため、視認性・可読性を損なうことなく情報を表示することが可能です。

UD新ゴ コンデンス80
ゆーでぃーしんごこんでんすはちじゅう

あ あ あ **あ あ あ あ あ**
EL L R M DB B H U

モリサワ｜A-OTF UD新ゴコンデ80 Pr6N

デザインと文字の関係性
あなたの愛読書とステキな Graphic19選

▶ p.92, p.118, p.179, p.183

UD新ゴ コンデンス60
ゆーでぃーしんごこんでんすろくじゅう

あ あ あ **あ あ あ あ あ**
EL L R M DB B H U

モリサワ｜A-OTF UD新ゴコンデ60 Pr6N

デザインと文字の関係性
あなたの愛読書とステキな Graphic19選

TBゴシック C8
てぃーびーごしっくしーはち

あ あ あ **あ あ**
SL L R DB B

タイプバンク｜TBゴシックR Std C8

デザインと文字の関係性
あなたの愛読書とステキな Graphic19選

ラピスエッジ

あ あ **あ**
L M B

モリサワ｜A P-OTF ラピスエッジ Min2

デザインと文字の関係性
あなたの愛読書とステキな Graphic19選

▶ p.46, p.162

ラピスメルト

あ あ **あ**
L M B

モリサワ｜A P-OTF ラピスメルト Min2

デザインと文字の関係性
あなたの愛読書とステキな Graphic19選

▶ p.43, p.162

エコー

あ あ **あ**
L R B

タイプバンク｜TBエコー Std

デザインと文字の関係性
あなたの愛読書とステキな Graphic19選

※見本はプロポーショナルメトリクスON

▶ p.45, p.88

オーブ

あ

タイプバンク｜TBオーブ Std

デザインと文字の関係性
あなたの愛読書とステキな Graphic19選

※見本はプロポーショナルメトリクスON

▶ p.43, p.85

▶ p.184

Clarimo UD PE Condensed

Typography & DESIGN
19 of your favorite books and lovely graphics.

a a a **a a a a a**
8ウエイト16書体｜ExtraLight–Ultra & Italics
モリサワ｜Clarimo UD PE Condensed

Prelude Condensed Pro
ぷれりゅーどこんでんすとぷろ

Typography & DESIGN
19 of your favorite books and lovely graphics.

a a **a a**
4ウエイト8書体｜Light–Black & Italics
モリサワ｜Prelude Condensed Pro

VibeMO Condensed Pro
うぁいぶえむおーこんでんすとぷろ

Typography & DESIGN
19 of your favorite books and lovely graphics.

a a a **a** a
5ウエイト8書体｜Thin–Ultra & Italics
モリサワ｜VibeMO Condensed Pro

CaslonMO Condensed Pro

Typography & DESIGN
19 of your favorite books and lovely graphics.

a a a **a**
4ウエイト8書体｜Light–Heavy & Italics
モリサワ｜CaslonMO Cn Pro

Letras Oldstyle Condensed Pro

Typography & DESIGN
19 of your favorite books and lovely graphics.

a **a** a
3ウエイト6書体｜Regular–Bold & Italics
モリサワ｜Letras Oldstyle Cn Pro

BodoniMO Condensed Pro

Typography & DESIGN
19 of your favorite books and lovely graphics.

a a
2ウエイト2書体｜Regular & Bold
モリサワ｜BodoniMO Condensed Pro

LatinMO Condensed Pro
らてんえむおーこんでんすとぷろ

Typography & DESIGN
19 of your favorite books and lovely graphics.

a a a
3ウエイト6書体｜Light–Bold & Italics
モリサワ｜LatinMO Condensed Pro

ペン字・手書き
筆文字
にじみ
連綿・リガチャ・スワッシュ
装飾的
太さ
コントラスト
字面
長体（コンデンス）
スタイル展開
新聞・記事
オンスクリーン
教育用
UDフォント
多言語対応ファミリー

ペン字・手書き

筆文字

にじみ

連綿・リガチャ・スワッシュ

装飾的

太さ

コントラスト

字面

長体（コンデンス）

スタイル展開

新聞・記事

オンスクリーン

教育用

UDフォント

多言語対応ファミリー

スタイル展開

同じデザインコンセプトで設計された明朝体とゴシック体、または丸ゴシック体など、スタイル展開のある書体です。異なるスタイル同士が調和するように設計されており、見出しと本文で異なるスタイルを使い分ける際などにも、統一感のあるデザインを実現することができます。

新ゴ
しんご

あ あ あ **あ あ あ あ**
EL L R M DB B H U

モリサワ｜A P-OTF 新ゴ Pr6N

デザインと文字の関係性
あなたの愛読書とステキなGraphic19選

▶ p.113, p.63

新丸ゴ
しんまるご

あ あ **あ あ あ あ あ**
L R M DB B H U

モリサワ｜A P-OTF 新丸ゴ Pr6N

デザインと文字の関係性
あなたの愛読書とステキなGraphic19選

▶ p.32, p.154

游明朝体
ゆうみんちょうたい

あ あ あ あ あ あ
L R M D B E

字游工房｜游明朝体 Pr6N

デザインと文字の関係性
あなたの愛読書とステキなGraphic19選

▶ p.131, p.157

游ゴシック体
ゆうごしっくたい

あ あ あ あ あ **あ あ**
L R M D B E H

字游工房｜游ゴシック体 Pr6N

デザインと文字の関係性
あなたの愛読書とステキなGraphic19選

▶ p.129, p.157

ヒラギノ明朝
ひらぎのみんちょう

あ あ あ あ あ あ あ
W2 W3 W4 W5 W6 W7 W8

ヒラギノ｜ヒラギノ明朝 StdN

デザインと文字の関係性
あなたの愛読書とステキなGraphic19選

▶ p.134

ヒラギノ角ゴ
ひらぎのかくご

あ あ あ あ あ **あ あ あ あ**
W0 W1 W2 W3 W4 W5 W6 W7 W8 W9

ヒラギノ｜ヒラギノ角ゴ StdN

デザインと文字の関係性
あなたの愛読書とステキなGraphic19選

▶ p.122, p.154, p.157, p.185

ヒラギノ丸ゴ
ひらぎのまるご

あ あ あ **あ あ あ**
W2 W3 W4 W5 W6 W8

ヒラギノ｜ヒラギノ丸ゴ StdN

デザインと文字の関係性
あなたの愛読書とステキなGraphic19選

▶ p.33

169

ペン字・手書き

筆文字

にじみ

連綿・リガチャ・スワッシュ

装飾的

太さ

コントラスト

字面

（コンデンス）長体

スタイル展開

新聞・記事

オンスクリーン

教育用

UDフォント

多言語対応ファミリー

秀英明朝
しゅうえいみんちょう

あ あ あ
L M B

モリサワ｜A P-OTF 秀英明朝 Pr6N

デザインと文字の関係性
あなたの愛読書とステキな Graphic19選

▶ p.129

秀英角ゴシック銀
しゅうえいかくごしっくぎん

あ あ あ
L M B

モリサワ｜A P-OTF 秀英角ゴシック銀 StdN

デザインと文字の関係性
あなたの愛読書とステキな Graphic19選

秀英丸ゴシック
しゅうえいまるごしっく

あ あ
L B

モリサワ｜A P-OTF 秀英丸ゴシック StdN

デザインと文字の関係性
あなたの愛読書とステキな Graphic19選

▶ p.75

凸版文久明朝
とっぱんぶんきゅうみんちょう

あ

モリサワ｜A P-OTF 凸版文久明朝 Pr6N

デザインと文字の関係性
あなたの愛読書とステキな Graphic19選

▶ p.126, p.160, p.174

凸版文久ゴシック
とっぱんぶんきゅうごしっく

あ あ
R DB

モリサワ｜A P-OTF 凸版文久ゴ Pr6N

デザインと文字の関係性
あなたの愛読書とステキな Graphic19選

▶ p.135, p.174

エムニュースエム

あ

モリサワ｜U-OTF エムニュースエム Upr

デザインと文字の関係性
あなたの愛読書とステキな Graphic19選

▶ p.173

エムニュースジー

あ

モリサワ｜U-OTF エムニュースジー Upr

デザインと文字の関係性
あなたの愛読書とステキな Graphic19選

▶ p.173

A1明朝
えいわんみんちょう

あ

モリサワ｜A-OTF A1明朝 Std

デザインと文字の関係性
あなたの愛読書とステキな Graphic19選

▶ p.83, p.149

A1ゴシック
えいわんごしっく

あ あ あ **あ**
L M R B

モリサワ｜A P-OTF A1ゴシック StdN

デザインと文字の関係性
あなたの愛読書とステキな Graphic19選

▶ p.78, p.149, p.165

アンチックAN
あんちっくえいえぬ

あ あ **あ あ あ あ**
L R M DB B H U

モリサワ｜A-OTF アンチック Std AN

デザインと文字の関係性
あなたの愛読書とステキな Graphic19選

※漢字はゴシック MB101

▶ p.65

丸アンチック
まるあんちっく

あ あ **あ あ あ あ**
L R M DB B H U

モリサワ｜A-OTF 丸アンチック Std

デザインと文字の関係性
あなたの愛読書とステキな Graphic19選

ナウ（明朝）
なうみんちょう

あ **あ あ あ**
MM MB ME MU

タイプバンク｜Ro ナウ Std MM

デザインと文字の関係性
あなたの愛読書とステキな Graphic19選

▶ p.71

ナウ（ゴシック）
なうごしっく

あ **あ あ あ**
GM GB GE GU

タイプバンク｜Ro ナウ Std GM

デザインと文字の関係性
あなたの愛読書とステキな Graphic19選

▶ p.117

ペン字・手書き
筆文字
にじみ
連綿・リガチャ・スワッシュ
装飾的
太さ
コントラスト
字面
（コンデンス）長体
スタイル展開
新聞・記事
オンスクリーン
教育用
UDフォント
多言語対応ファミリー

ペン字・手書き

筆文字

にじみ

連綿・リガチャ・スワッシュ

装飾的

太さ

コントラスト

字面

（コンデンス）長体

スタイル展開

新聞・記事

オンスクリーン

教育用

ＵＤフォント

多言語対応ファミリー

フォーク
あ あ あ あ R M B H

モリサワ｜A P-OTF フォーク ProN

デザインと文字の関係性
あなたの愛読書とステキな Graphic19選

▶ p.47, p.90, p.162

丸フォーク まるふぉーく
あ あ あ あ R M B H

モリサワ｜A P-OTF 丸フォーク ProN

デザインと文字の関係性
あなたの愛読書とステキな Graphic19選

▶ p.24, p.92, p.1162

Role Serif Display Pro ろーるせりふでぃすぷれいぷろ
a a a a **a a a**

7ウエイト14書体｜ExtraLight–Heavy & Italics
モリサワ｜Role Serif Display Pro

Typography & DESIGN
19 of your favorite books and lovely graphics.

▶ p.137, p.156

Role Slab Display Pro ろーるすらぶでぃすぷれいぷろ
a a a a **a a a a a**

9ウエイト18書体｜Thin–Black & Italics
モリサワ｜Role Slab Display Pro

Typography & DESIGN
19 of your favorite books and lovely graphics.

Role Sans Display Pro ろーるさんずでぃすぷれいぷろ
a a a a **a a a a**

8ウエイト16書体｜Thin–Heavy & Italics
モリサワ｜Role Sans Display Pro

Typography & DESIGN
19 of your favorite books and lovely graphics.

Role Soft Display Pro ろーるそふとでぃすぷれいぷろ
a a a a **a a a a a**

9ウエイト18書体｜Thin–Black & Italics
モリサワ｜Role Soft Display Pro

Typography & DESIGN
19 of your favorite books and lovely graphics.

新聞の本文用書体には、小サイズで読みやすさを保つための工夫が施されています。特に和文の場合は新聞の本文組みで情報を多く伝えるために、扁平にする前提で、新聞印刷の条件下での使用に適するように設計されています。こうした特徴を活かして新聞以外に用いられることもあります。

エムニュースエム

あ

デザインと文字の関係性
あなたの愛読書とステキなGraphic19選

モリサワ｜U-OTF エムニュースエム Upr　　※見本は平体80%
▶ p.170

エムニュースジー

あ

デザインと文字の関係性
あなたの愛読書とステキなGraphic19選

モリサワ｜U-OTF エムニュースジー Upr　　※見本は平体80%
▶ p.170

毎日新聞明朝
まいにちしんぶんみんちょう

あ

デザインと文字の関係性
あなたの愛読書とステキなGraphic19選

モリサワ｜A P-OTF 毎日新聞明朝 ProN　　※見本は平体80%
▶ p.108, p.163

毎日新聞ゴシック
まいにちしんぶんごしっく

あ

デザインと文字の関係性
あなたの愛読書とステキなGraphic19選

モリサワ｜A P-OTF 毎日新聞ゴシック ProN　　※見本は平体80%
▶ p.108, p.163

Star Times Text Pro
すたーたいむずてきすとぷろ

a　a

2ウエイト4書体｜Regular–Bold & Italics
モリサワ｜Star Times Text Pro

Typography & DESIGN
19 of your favorite books and lovely graphics.

Star Times Display Pro
すたーたいむずでぃすぷれいぷろ

a　a

2ウエイト4書体｜Regular–Bold & Italics
モリサワ｜Star Times Display Pro

Typography & DESIGN
19 of your favorite books and lovely graphics.

▶ p.112

ペン字・手書き

筆文字

にじみ

連綿・リガチャ・スワッシュ

装飾的

太さ

コントラスト

字面

長体（コンデンス）

スタイル展開

新聞・記事

オンスクリーン

教育用

UDフォント

多言語対応ファミリー

ペン字・手書き
筆文字
にじみ
連綿・リガチャ・スワッシュ
装飾的
太さ
コントラスト
字面
（コンデンス）長体
スタイル展開
新聞・記事
オンスクリーン
教育用
UDフォント
多言語対応ファミリー

オンスクリーン
和文書体

オンスクリーンで文字がどう表示されるかは受け手のデバイスや環境に依存します。オンスクリーン書体には読みやすさを保つシンプルで太細の差が少ない字形、横組みを意識したかな、行長を抑えるための長体デザインと様々なアプローチがあり、目的に合った書体を選ぶことができます。

黎ミン
れいみん

あ あ あ あ あ あ あ
L R M B EB H EU

モリサワ｜A P-OTF 黎ミン Pr6N

デザインと文字の関係性
あなたの愛読書とステキな Graphic19選

▶ p.134, p.163

凸版文久明朝
とっぱんぶんきゅうみんちょう

あ

モリサワ｜A P-OTF 凸版文久明朝 Pr6N

デザインと文字の関係性
あなたの愛読書とステキな Graphic19選

▶ p.126, p.160, p.170

あおとゴシック

あ あ あ あ あ あ あ
EL L R M DB B EB

モリサワ｜A P-OTF あおとゴシック StdN

デザインと文字の関係性
あなたの愛読書とステキな Graphic19選

▶ p.92, p.135, p.165

凸版文久ゴシック
とっぱんぶんきゅうごしっく

あ あ
R DB

モリサワ｜A P-OTF 凸版文久ゴ Pr6N

デザインと文字の関係性
あなたの愛読書とステキな Graphic19選

▶ p.135, p.170

UD新ゴ コンデンス70
ゆーでぃーしんごこんでんすななじゅう

あ あ あ あ あ あ あ
EL L R M DB B H

モリサワ｜A-OTF UD新ゴコンデ70 Pr6N

デザインと文字の関係性
あなたの愛読書とステキな Graphic19選

タイプラボN
たいぷらぼえぬ

あ あ あ あ あ あ あ
L R M DB B H U

モリサワ｜A-OTF タイプラボN Std

※漢字は新ゴ

デザインと文字の関係性
あなたの愛読書とステキな Graphic19選

▶ p.47, p.91

UDデジタル教科書体
ゆーでぃーでじたるきょうかしょたい

あ あ あ あ
R M B H

タイプバンク｜UDデジタル教科書体 ProN

デザインと文字の関係性
あなたの愛読書とステキな Graphic19選

▶ p.76, p.116, p.176, p.180

Lutes UD PE
りゅーつゆーでぃーぴーいー

a a a **a a a**
6ウエイト12書体 | Light–Heavy & Italics
モリサワ | Lutes UD PE

Typography & DESIGN
19 of your favorite books and lovely graphics.

▶ p.110, p.182

Areon Pro
あれおんぷろ

a a a **a a a**
6ウエイト12書体 | ExtraLight–ExtraBold & Italics
モリサワ | Areon Pro

Typography & DESIGN
19 of your favorite books and lovely graphics.

▶ p.133, p.161

Lima PE
りーまぴーいー

a a **a**
3ウエイト6書体 | Regular–Bold & Italics
モリサワ | Lima PE

Typography & DESIGN
19 of your favorite books and lovely graphics.

▶ p.77, p.161

Sharoa Pro
しゃろあぷろ

a a a a **a a a a a a**
10ウエイト20書体 | UltraLight–Ultra & Italics
モリサワ | Sharoa Pro

Typography & DESIGN
19 of your favorite books and lovely graphics.

▶ p.136

Prelude Pro
ぷれりゅーどぷろ

a a **a a**
4ウエイト8書体 | Light–Black & Italics
モリサワ | Prelude Pro

Typography & DESIGN
19 of your favorite books and lovely graphics.

▶ p.119

Concert Pro
こんさーとぷろ

a a **a a**
4ウエイト8書体 | Light–Black & Italics
モリサワ | Concert Pro

Typography & DESIGN
19 of your favorite books and lovely graphics.

▶ p.77

Eminence Pro
えみねんすぷろ

a a **a a a**
5ウエイト10書体 | Thin–Black & Italics
モリサワ | Eminence Pro

Typography & DESIGN
19 of your favorite books and lovely graphics.

▶ p.119, p.156, p.158

ペン字・手書き
筆文字
にじみ
連綿・リガチャ・スワッシュ
装飾的
太さ
コントラスト
字面
長体（コンデンス）
スタイル展開
新聞・記事
オンスクリーン
教育用
UDフォント
多言語対応ファミリー

ペン字・手書き
筆文字
にじみ
連綿・リガチャ・スワッシュ
装飾的
太さ
コントラスト
字面
（コンデンス）長体
スタイル展開
新聞・記事
オンスクリーン
教育用
UDフォント
多言語対応ファミリー

教育用
教科書体

文部科学省の「学習指導要領」にある「代表的な字形」に沿ってデザインされた書体です。手書きに近く、画数や運筆を誤解しづらい字形を採用しています。教科書に限らず、参考書や絵本、玩具など読み書きを学習中の子ども向けのシーンに適しています。

教科書ICA
きょうかしょあいしいえい

あ あ あ
L　R　M

モリサワ｜A P-OTF 教科書 ICA ProN

デザインと文字の関係性
あなたの愛読書とステキなGraphic19選

▶ p.109, p.146

UDデジタル教科書体
ゆーでぃーでじたるきょうかしょたい

あ あ あ あ
R　M　B　H

タイプバンク｜UDデジタル教科書体 ProN

デザインと文字の関係性
あなたの愛読書とステキなGraphic19選

▶ p.76, p.116, p.174, p.180

UD DigiKyo Latin
ゆーでぃーでじたるきょうらてん

a a a a

4ウエイト4書体｜Regular–Heavy
タイプバンク｜UDDigiKyoLatin

Typography & DESIGN
19 of your favorite books and lovely graphics.

UD DigiKyo Writing
ゆーでぃーでじたるきょうらいてぃんぐ

a

10ウエイト20書体｜UltraLight–Ultra & Italics
タイプバンク｜UDDigiKyoWriting

Typography & DESIGN
19 of your favorite books and lovely graphics.

UDデジタル教科書体
学習記号

x x

1書体｜Regular
タイプバンク｜UDDigiKyoKigo

xyzʒcaldLmgkggH₂ℓkV
xyzʒcaldLmgkggH₂ℓkV 1234567890

游教科書体 New
ゆうきょうかしょたいにゅー

あ あ あ あ
M　横用M　B　横用B

字游工房｜游教科書体 New

デザインと文字の関係性
あなたの愛読書とステキなGraphic19選

▶ p.146

JKHandwriting
じぇーけーはんどらいてぃんぐ

a a a a a a

5ウエイト6書体｜Light–Heavy & Italics
字游工房｜JKHandwriting

Typography & DESIGN
19 of your favorite books and lovely graphics.

学参 常改リュウミン
がくさんじょうかいりゅうみん

あ あ あ あ
L-KL R-KL M-KL B-KL

モリサワ｜G-OTF 常改リュウミン ProN

デザインと文字の関係性
あなたの愛読書とステキなGraphic19選

学参 常改新ゴ
がくさんじょうかいしんご

あ あ **あ あ あ**
L R M DB B

モリサワ｜G-OTF 常改新ゴ ProN

デザインと文字の関係性
あなたの愛読書とステキなGraphic19選

学参 常改中ゴシックBBB
がくさんじょうかいちゅうごしっくびーびーびー

あ

モリサワ｜G-OTF 常改中ゴシックBBB ProN

デザインと文字の関係性
あなたの愛読書とステキなGraphic19選

学参 常改太ゴ B101
がくさんじょうかいふとごびーいちまるいち

あ

モリサワ｜G-OTF 常改太ゴ B101 ProN

デザインと文字の関係性
あなたの愛読書とステキなGraphic19選

学参 常改じゅん
がくさんじょうかいじゅん

あ あ
34 501

モリサワ｜G-OTF 常改じゅん ProN

デザインと文字の関係性
あなたの愛読書とステキなGraphic19選

学参 常改新丸ゴ
がくさんじょうかいしんまるご

あ あ **あ あ あ**
L R M DB B

モリサワ｜G-OTF 常改新丸ゴ ProN

デザインと文字の関係性
あなたの愛読書とステキなGraphic19選

学参 常改教科書ICA
がくさんじょうかいきょうかしょあいしーえー

あ あ あ
L R M

モリサワ｜G-OTF 常改教科書ICA ProN

デザインと文字の関係性
あなたの愛読書とステキなGraphic19選

ペン字・手書き

筆文字

にじみ

連綿・リガチャ・スワッシュ

装飾的

太さ

コントラスト

字面

（コンデンス）長体

スタイル展開

新聞・記事

オンスクリーン

教育用

UDフォント

多言語対応ファミリー

筆順ICA	あーしの安 ｀ﾂﾉ ＼＼ー
ひつじゅんあいしいえい	あーしの安 ｀ﾂﾉ ＼＼ー
安 安 R M	
モリサワ｜G-OTF 筆順ICA Std	

筆順2ICA	あーすあ安おつカか一ニ
ひつじゅんにあいしいえい	あーすあ安 ｀ ｀ ゛宀安安
安 安 R M	
モリサワ｜G-OTF 筆順2ICA Std	

UDデジタル教科書体 筆順フォント TypeA	あーしの安 ｀ ｀ 一くノー
あ あ あ 安 安 安 E12 E34 E56 J1 J2 J3	あーしの安 ｀ ｀ 一くノー
タイプバンク｜UD筆順A Std	

UDデジタル教科書体 筆順フォント TypeB	あーすあ安おつカか一ニ
あ あ あ 安 安 安 E12 E34 E56 J1 J2 J3	あーすあ安 ｀ ｀ 宀宀安安
タイプバンク｜UD筆順B Std	

ペン字・手書き
筆文字
にじみ
連綿・リガチャ・スワッシュ
装飾的
太さ
コントラスト
字面
長体（コンデンス）
スタイル展開
新聞・記事
オンスクリーン
教育用
UDフォント
多言語対応ファミリー

UD黎ミン
ゆーでぃーれいみん

あ あ あ あ あ
L R M B EB H

モリサワ | A-OTF UD黎ミン Pr6N

デザインと文字の関係性
あなたの愛読書とステキなGraphic19選

▶ p.107, p.182

TBUD明朝
てぃーびーゆーでぃーみんちょう

あ あ
M H

タイプバンク | TBUD明朝 Std

デザインと文字の関係性
あなたの愛読書とステキなGraphic19選

▶ p.113

ヒラギノUD明朝
ひらぎのゆーでぃーみんちょう

あ あ
W4 W6

ヒラギノ | ヒラギノUD明朝 StdN

デザインと文字の関係性
あなたの愛読書とステキなGraphic19選

▶ p.131

UD新ゴ
ゆーでぃーしんご

あ あ あ あ あ あ あ
EL L R M DB B H U

モリサワ | A P-OTF UD新ゴ Pr6N

デザインと文字の関係性
あなたの愛読書とステキなGraphic19選

▶ p.117, p.183

UD新ゴNT
ゆーでぃーしんごぬてぃー

あ あ あ あ あ あ
EL L R M DB B H

モリサワ | A P-OTF UD新ゴNT Pr6N

デザインと文字の関係性
あなたの愛読書とステキなGraphic19選

▶ p.114, p.183

UD新ゴ コンデンス80
ゆーでぃーしんご こんでんす はちじゅう

あ あ あ あ あ あ あ
EL L R M DB B H U

モリサワ | A-OTF UD新ゴコンデ80 Pr6N

デザインと文字の関係性
あなたの愛読書とステキなGraphic19選

▶ p.92, p.118, p.167, p.183

TBUDゴシック
てぃーびーゆーでぃーごしっく

あ あ あ あ あ
SL R B E H

タイプバンク | TBUDゴシック Std

デザインと文字の関係性
あなたの愛読書とステキなGraphic19選

▶ p.118

ペン字・手書き
筆文字
にじみ
連綿・リガチャ・スワッシュ
装飾的
太さ
コントラスト
字面
(コンデンス)
長体
スタイル展開
新聞・記事
オンスクリーン
教育用
UDフォント
多言語対応ファミリー

ヒラギノ UD角ゴ
ひらぎのゆーでぃーかくご
あ あ あ あ
W3 W4 W5 W6
ヒラギノ｜ヒラギノ UD角ゴ StdN

デザインと文字の関係性
あなたの愛読書とステキな Graphic19選
▶ p.136

ヒラギノ UD角ゴ F
ひらぎのゆーでぃーかくごえふ
あ あ あ あ
W3 W4 W5 W6
ヒラギノ｜ヒラギノ UD角ゴ F StdN

デザインと文字の関係性
あなたの愛読書とステキな Graphic19選

UD新丸ゴ
ゆーでぃーしんまるご
あ あ あ あ あ
L R M DB B H
モリサワ｜A-OTF UD新丸ゴ Pr6N

デザインと文字の関係性
あなたの愛読書とステキな Graphic19選
▶ p.114

TBUD丸ゴシック
てぃーびーゆーでぃーまるごしっく
あ あ あ **あ**
SL R B H
タイプバンク｜TBUD丸ゴシック Std

デザインと文字の関係性
あなたの愛読書とステキな Graphic19選
▶ p.115

ヒラギノ UD丸ゴ
ひらぎのゆーでぃーまるご
あ あ あ あ
W3 W4 W5 W6
ヒラギノ｜ヒラギノ UD丸ゴ StdN

デザインと文字の関係性
あなたの愛読書とステキな Graphic19選
▶ p.115

UDタイポス
ゆーでぃーたいぽす
あ あ あ あ
58 510 512 515
タイプバンク｜UDタイポス58 Std

デザインと文字の関係性
あなたの愛読書とステキな Graphic19選
▶ p.90, p.162

UDデジタル教科書体
ゆーでぃーでじたるきょうかしょたい
あ あ あ **あ**
R M B H
タイプバンク｜UDデジタル教科書体 ProN

デザインと文字の関係性
あなたの愛読書とステキな Graphic19選
▶ p.76, p.116, p.174, p.176

UDフォントとは

ユニバーサルデザイン（UD）に配慮した UD フォントは「文字のかたちがわかりやすいこと」「文章が読みやすいこと」「読み間違えにくいこと」という 3 つのコンセプトから生まれたフォントです。
日英中韓など多言語やコンデンスにも対応しており、 さまざまなシーンで活用いただけます。

空間を広くとるとつぶれにくく、見やすくなります。

濁点・半濁点を大きくして、区別をつけやすくしています。

はなれが明確になると、シルエットの似た文字を判別しやすくなります。

新ゴ 夏 ／ UD新ゴ 夏

新丸ゴ ブ ／ UD新丸ゴ ブ

新ゴ S36 ／ UD新ゴ S36

▶ 幅広い活用の場

教育現場にも広がる UD フォント

教育の中で必要不可欠な「教科書体」をユニバーサルデザインに対応させた「UDデジタル教科書体」を開発しました。 教育現場での採用も始まり、文字を通じたインクルーシブ教育が進んでいます。

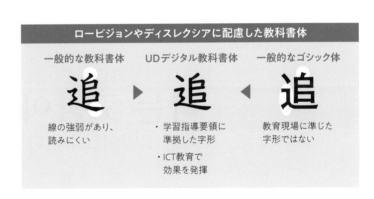

ロービジョンやディスレクシアに配慮した教科書体

一般的な教科書体　追　線の強弱があり、読みにくい

UDデジタル教科書体　追　・学習指導要領に準拠した字形　・ICT教育で効果を発揮

一般的なゴシック体　追　教育現場に準じた字形ではない

日常の文書作成にも

一般的な書類にも UD フォントを活用いただけます。 誤読を防ぐことで情報伝達ミスの軽減につながり、 業務効率化を図ることができます。

▶ 読みやすさに関するエビデンス

モリサワは大学や医療機関などの第三者機関とともに、UD フォントの読みやすさに関するエビデンス（科学的根拠）を取得しています。

● デジタルデバイスにおける可視性・可読性に関する比較研究実験
● 教科書体の見やすさに関する比較実験
● ディスレクシア（読み書き障害）のある小学生を対象にした読みやすさの検討
● 多言語フォントの可読性に関する比較研究

各研究のレポートは Web サイトよりご覧いただけます。　https://www.morisawa.co.jp/fonts/udfont/study/

ペン字・手書き
筆文字
にじみ
連綿・リガチャ・スワッシュ
装飾的
太さ
コントラスト
字面
（コンデンス）長体
スタイル展開
新聞・記事
オンスクリーン
教育用
ＵＤフォント
多言語対応ファミリー

UD黎ミン
ゆーでぃーれいみん

あ あ あ あ あ あ
L　R　M　B　EB　H

モリサワ｜A-OTF UD黎ミン Pr6N

デザインと文字の関係性
あなたの愛読書とステキなGraphic19選

▶ p.107, p.179

UD黎ミン 簡体字
ゆーでぃーれいみんかんたいじ

读 读 读 读 读 读
L　R　M　B　EB　H

モリサワ｜UD黎ミン 簡体字 Gb4

我是隻貓。还没有名字。
我是隻貓。还没有名字。是在哪儿出生的也

UD黎ミン 繁体字
ゆーでぃーれいみんはんたいじ

讀 讀 讀 讀 讀 讀
L　R　M　B　EB　H

モリサワ｜UD黎ミン 繁体字 B5HK

我是隻貓。還沒有名字。
我是隻貓。還沒有名字。是在哪兒出生的也

UD黎ミンハングル
ゆーでぃーれいみんはんぐる

독 독 독 독 독 독
L　R　M　B　EB　H

モリサワ｜UD黎ミンハングル

나는 고양이로소이다 .
나는 고양이로소이다 .이름은 아직 없다 .

Lutes UD PE
りゅーつゆーでぃーぴーいー

a a a a a a
6ウエイト12書体｜Light−Heavy & Italics
モリサワ｜Lutes UD PE

Typography & DESIGN
19 of your favorite books and lovely graphics.

▶ p.110, p.175

UD新ゴ
ゆーでぃーしんご

あ あ あ **あ あ あ あ あ**
EL L R DB B H U

モリサワ｜A P-OTF UD新ゴ Pr6N

デザインと文字の関係性
あなたの愛読書とステキな Graphic19選

▶ p.117, p.179

UD新ゴNT
ゆーでぃーしんごえぬてぃー

あ あ あ **あ あ あ あ あ**
EL L R DB B H U

モリサワ｜A P-OTF UD新ゴNT Pr6N

デザインと文字の関係性
あなたの愛読書とステキな Graphic19選

▶ p.114, p.179

UD新ゴ コンデンス80
ゆーでぃーしんごこんでんすはちじゅう

あ あ あ あ あ あ あ あ
EL L R DB B H U

モリサワ｜A-OTF UD新ゴコンデ80 Pr6N

デザインと文字の関係性
あなたの愛読書とステキな Graphic19選

▶ p.92, p.118, p.167, p.179

UD新ゴ 簡体字
ゆーでぃーしんごかんたいじ

读 **读 读 读**
R M DB B

モリサワ｜MO UD新ゴ 簡体字 Gb4

我是隻貓。还没有名字。
我是隻貓。还没有名字。是在哪儿出生的也

UD新ゴ 繁体字 標準字体
ゆーでぃーしんごはんたいじひょうじゅんじたい

讀 **讀 讀 讀**
R M DB B

モリサワ｜UD新ゴ 標準繁体字

我是隻貓。還沒有名字。
我是隻貓。還沒有名字。是在哪兒出生的也

UD新ゴ ハングル
ゆーでぃーしんごはんぐる

독 독 독 **독 독 독 독 독**
EL L R DB B H U

モリサワ｜MO UD新ゴ ハングル Ko2

나는 고양이로소이다.
나는 고양이로소이다.이름은 아직 없다.

ペン字・手書き

筆文字

にじみ

連綿・リガチャ・スワッシュ

装飾的

太さ

コントラスト

字面

（コンデンス）長体

スタイル展開

新聞・記事

オンスクリーン

教育用

UDフォント

多言語対応ファミリー

ペン字・手書き

筆文字

にじみ

連綿・リガチャ・スワッシュ

装飾的

太さ

コントラスト

字面

長体（コンデンス）

スタイル展開

新聞・記事

オンスクリーン

教育用

ＵＤフォント

多言語対応ファミリー

Clarimo シリーズ

Clarimo UD PE
くらりもゆーでいーぴーいー

a a a **a a a a a**
8ウエイト16書体｜ExtraLight–Ultra & Italics
モリサワ｜Clarimo UD PE

Typography & DESIGN
19 of your favorite books and lovely graphics.

▶ p.116

Clarimo UD PE Condensed

a a a **a a a a a**
8ウエイト16書体｜ExtraLight–Ultra & Italics
モリサワ｜Clarimo UD PE Condensed

Typography & DESIGN
19 of your favorite books and lovely graphics.

▶ p.168

Clarimo UD Arabic
くらりもゆーでいーあらびっく

ش **ش ش** ش
4ウエイト4書体｜Regular–Bold
モリサワ｜Clarimo UD Arabic

استمتع بزيارة إلى اليابان!
استمتع بزيارة إلى اليابان!

Clarimo UD Devanagari
くらりもゆーでいーうぁぬなーがりー

ह **ह ह** ह
4ウエイト4書体｜Regular–Bold
モリサワ｜Clarimo UD Devanagari

जापान की यात्रा का आनंद उठाएं!
जापान की यात्रा का आनंद उठाएं!

Clarimo UD Thai
くらりもゆーでいーたい

ญ ญ **ญ ญ** ญ
5ウエイト10書体｜Light–Bold & Italics
モリサワ｜Clarimo UD Thai

เพลิดเพลินกับการมาเที่ยวญี่ปุ่น!
เพลิดเพลินกับการมาเที่ยวญี่ปุ่น!

Clarimo UD ThaiModern
くらりもゆーでいーたいもだん

ญ ญ **ญ ญ** ญ
5ウエイト10書体｜Light–Bold & Italics
モリサワ｜Clarimo UD ThaiModern

เพลิดเพลินกับการมาเที่ยวญี่ปุ่น!
เพลิดเพลินกับการมาเที่ยวญี่ปุ่น!

ヒラギノ角ゴ
ひらぎのかくご

あ あ あ あ **あ あ あ あ あ あ**
W0 W1 W2 W3 W4 W5 W6 W7 W8 W9

ヒラギノ｜ヒラギノ角ゴ StdN

デザインと文字の関係性
あなたの愛読書とステキな Graphic19選

▶ p.122, p.154, p.157, p.169

ヒラギノ角ゴ 簡体中文
ひらぎのかくごかんたいちゅうぶん

读 读 读 读 **读 读 读**
W0 W1 W2 W3 W4 W5 W6

ヒラギノ｜ヒラギノ角ゴ 簡体中文 Std

我是隻貓。还没有名字。
我是隻貓。还没有名字。是在哪儿出生的也

ヒラギノ角ゴ 繁体中文
ひらぎのかくごはんたいちゅうぶん

讀 **讀**
W3 W6

ヒラギノ｜ヒラギノ角ゴ 繁体中文

我是隻貓。還沒有名字。
我是隻貓。還沒有名字。是在哪兒出生的也

RS Skolar PE
ろぜったすこらーぴーいー

a a **a**

3ウエイト3書体｜Regular–Bold
Rosetta｜MP RSSkolar PE

Typography & DESIGN
19 of your favorite books and lovely graphics.

▶ p.133, p.161

RS Skolar Devanagari
ろぜったすこらーでーうぁなーがりー

ऐ **ऐ** ऐ

3ウエイト3書体｜Regular–Bold
Rosetta｜MP RSSkolar Devanagari

जापान की यात्रा का आनंद उठाएं!
जापान की यात्रा का आनंद उठाएं!

RS Skolar Gujarati
ろぜったすこらーぐじゃらーてぃー

અ **અ** અ

3ウエイト3書体｜Regular–Bold
Rosetta｜MP RSSkolar Gujarati

વિશ્વનું લખે ન અને ભાષાઓ
વિશ્વનું લખે ન અને ભાષાઓ

ペン字・手書き

筆文字

にじみ

連綿・リガチャ・スワッシュ

装飾的

太さ

コントラスト

字面

長体（コンデンス）

スタイル展開

新聞・記事

オンスクリーン

教育用

UDフォント

多言語対応ファミリー

Morisawa Fonts 提供書体がカバーする言語領域

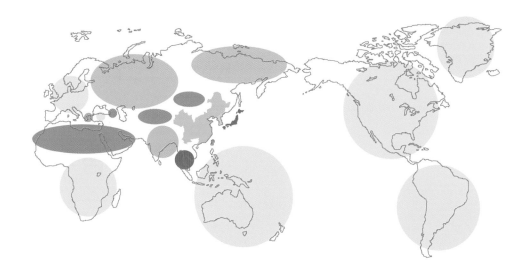

- 🔴 日本語　● 簡体字　● 繁体字　○ ハングル　○ ラテン文字　● キリル文字　● ギリシア文字
- ● アルメニア文字　● アラビア文字　● デーヴァナーガリー／グジャラーティ文字　● タイ文字

▶ モリサワ欧文書体の文字セットについて

欧文書体の文字セット「Pro」と「PE」について

モリサワでは、 対応言語の広い欧文書体専用の文字セットを定め、 高い利便性を追求しています。

Pro はラテンアルファベットを用いる 100 言語に対応します。 それらには、 ベトナム語とグアラニ語といった特殊な
アルファベットを用いる言語も含まれます。

PE は、 Pro がカバーする言語に加え、 ギリシャ文字やキリル文字を含む 151 言語に対応します。

Pro ●　　PE ●

アイスランド語、 アイルランド語、 アストゥリアス語、 アゼルバイジャン語、 アフリカーンス語、 アルーマニア語、 アルザス語、 アルバニア語、 イタリア語、 イナリ・サーミ語、 イバナグ語、 イバン語、 イロカノ語、 インドネシア語／マレー語、 ウェールズ語、 ヴェプス語、 ウォロフ語、 ウズベク語 (ラテン)、 英語、 エストニア語、 エスペラント語、 オック語、 オランダ語、 ガガウズ語、 カシューブ語、 カタロニア語、 カパンパンガン語、 ガリシア語、 カレリア語、 北サーミ語、 キリバス語、 グアラニ語、 グリーンランド語、 クリミア・タタール語 (ラテン)、 クルド語、 クロアチア語、 ゲール語、 コーンウォール語、 コルシカ語、 サモア語、 サルデーニャ語、 スウェーデン語、 ズールー語、 スペイン語、 スロバキア語、 スロベニア語、 スワヒリ語、 セブアノ語、 セルビア語 (ラテン)、 ソルブ語、 タウスグ語、 チェコ語、 チェワ語／ニャンジャ語、 チャモロ語、 ツワナ語、 テトゥン語、 デンマーク語、 ドイツ語、 トク・ピシン語、 トルコ語、 トンガ語、 南部ソト語、 ノルウェー語、 バスク語、 ハワイ語、 パンガシナン語、 ハンガリー語、 ピエモンテ語、 ヒリガイノン語、 フィジー語、 フィリピノ／タガログ語、 フィンランド語、 フェロー語、 フランス語、 フリウリ語、 フリジア語、 ブルトン語、 ベトナム語、 ポーランド語、 ボスニア語、 ポルトガル語、 マオリ語、 マルタ語、 南サーミ語、 ミャオ語、 モルドバ語 (ラテン)、 モンテネグロ語 (ラテン)、 ヤップ語、 ヨルバ語、 ラディン語、 ラテン語、 ラトビア語、 リトアニア語、 ルーマニア語、 ルクセンブルク語、 ルバ語、 ルレ・サーミ語、 ロトカス語、 ロマンシュ語、 ワロン語

アヴァル語、 アグール語、 アディゲ語、 アバザ語、 イングーシ語、 ウイグル語、 ウクライナ語、 ウズベク語 (キリル)、 エルジャ語、 オセット語、 カザフ語、 カバルド語、 カラカルパク語、 バルカル語、 カラチャイ語、 カルムイク語、 ギリシャ語、 キルギス語、 クムク語、 クリミア・タタール語 (キリル)、 コミ・ペルミャク語、 コミ語、 セルビア語 (キリル)、 タート語、 タジク語、 タタール語、 タバサラン語、 ダルギン語、 チェチェン語、 チュヴァシュ語、 トゥバ語、 トルクメン語、 ドンガン語、 ナナイ語、 ノガイ語、 バシキール語、 ハルハ語 (モンゴル)、 ヒナルク語、 フバルシ語、 ブリヤート語、 ブルガリア語、 ベラルーシ語、 マケドニア語、 モクシャ語、 モルドバ語 (キリル)、 モンテネグロ語 (キリル)、 ラク語、 ルシン語、 ルトゥル語、 レズギ語、 ロシア語

※ Pro を採用する書体の中には、 上記 100 言語のうちベトナム語とグアラニ語を除く 98 言語にのみ対応したものもあります。
　対象の書体については https://www.morisawa.co.jp/support/faq/4236 をご確認ください。

全書体見本

Morisawa Fonts でご利用いただける全書体を
ブランド・書体分類ごとに掲載しています。
これまで使ったことがなかった書体とも
新たな出会いがあるかもしれません。

ブランド

モリサワ
タイプバンク
字游工房
ヒラギノ
昭和書体
その他多言語　など

※ 本書では、親となる漢字と合わせて総合書体化されたかな書体の掲載を省いています。
　総合書体化されたものが「＋書体」（書体名に「〜＋」とつくもの）に該当します。

リュウミン　L-KL/R-KL/M-KL/B-KL/EB-KL/H-KL/EH-KL/U-KL

永

永国我語東今流遠
あうすなのアダポ
ABGQaefg&24?

永永永永永永永永

▶ p.125, p.154

リュウミン 小がな　L-KS/R-KS/M-KS/B-KS/EB-KS/H-KS/EH-KS/U-KS

あ

永国我語東今流遠
あうすなのアダポ
ABGQaefg&24?

ああああああああ

リュウミン オールドがな　L-KO/R-KO/M-KO/B-KO/EB-KO/H-KO/EH-KO/U-KO

あ

永国我語東今流遠
あうすなのアダポ
ABGQaefg&24?

ああああああああ

▶ p.127

秀英3号　L/R/M/B/EB/H/EH/U

あ

永国我語東今流遠
あうすなのアダポ
ABGQaefg&24?

ああああああああ

▶ p.96

秀英5号　L/R/M/B/EB/H/EH/U

あ

永国我語東今流遠
あうすなのアダポ
ABGQaefg&24?

ああああああああ

▶ p.96

アンチック AN　L/R/M/DB/B/H/U

あ

永国我語東今流遠
あうすなのアダポ
ABGQaefg&24?

あああああああ

▶ p.65, p.171

アンチック　AN1/AN2/AN3/AN4

あ

永国我語東今流遠
あうすなのアダポ
ABGQaefg&24?

ああああ

黎ミン　L/R/M/B/H/EH/U

永

永国我語東今流遠
あうすなのアダポ
ABGQaefg&24?

永永永永永永永永

▶ p.134, p.163, p.174

黎ミン Y10　L/R/M/B/H/EH/U

永

永国我語東今流遠
あうすなのアダポ
ABGQaefg&24?

永永永永永永永永

黎ミン Y20　R/M/B/H/EH/U

永

永国我語東今流遠
あうすなのアダポ
ABGQaefg&24?

永永永永永永永

▶ p.160

黎ミン Y30　M/B/EB/H/EH/U

永

永国我語東今流遠
あうすなのアダポ
ABGQaefg&24?

永永永永永永

▶ p.122

黎ミン Y40　B/EB/H/EH/U

永

永国我語東今流遠
あうすなのアダポ
ABGQaefg&24?

永永永永永

▶ p.154

明朝体

太ミンA101

永国我語東今流遠
あうすなのアダポ
ABGQaefg&24?

永

▶ p.111

見出ミンMA1

永国我語東今流遠
あうすなのアダポ
ABGQaefg&24?

永

▶ p.107

見出ミンMA31

永国我語東今流遠
あうすなのアダポ
ABGQaefg&24?

永

▶ p.107

秀英明朝 L/M/B

永国我語東今流遠
あうすなのアダポ
ABGQaefg&24?

永 永 永

▶ p.129, p.170

秀英にじみ明朝

永国我語東今流遠
あうすなのアダポ
ABGQaefg&24?

永

▶ p.149

秀英四号かな＋

永国我語東今流遠
あうすなのアダポ
ABGQaefg&24?

永

明朝体

秀英にじみ四号かな

永国我語東今流遠
あうすなのアダポ
ABGQaefg&24?

永

▶ p.95

秀英初号明朝

永国我語東今流遠
あうすなのアダポ
ABGQaefg&24?

永

▶ p.105

秀英初号明朝 撰

永国我語東今流遠
あうすなのアダポ
ABGQaefg&24?

永

秀英四号太かな＋

永国我語東今流遠
あうすなのアダポ
ABGQaefg&24?

永

▶ p.163

秀英にじみ四号太かな

永国我語東今流遠
あうすなのアダポ
ABGQaefg&24?

永

▶ p.66, p.149

秀英横太明朝 M/B

永国我語東今流遠
あうすなのアダポ
ABGQaefg&24?

永 永

▶ p.123, p.160

秀英アンチック＋

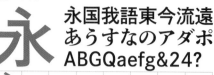

永国我語東今流遠
あうすなのアダポ
ABGQaefg&24?

永

秀英にじみアンチック

永国我語東今流遠
あうすなのアダポ
ABGQaefg&24?

永

▶ p.51, p.149

凸版文久明朝

永国我語東今流遠
あうすなのアダポ
ABGQaefg&24?

永

▶ p.126, p.160, p.170, p.174

凸版文久見出し明朝

永国我語東今流遠
あうすなのアダポ
ABGQaefg&24?

永

▶ p.104, p.159

光朝

永国我語東今流遠
あうすなのアダポ
ABGQaefg&24?

永

▶ p.84, p.159

A1明朝

永国我語東今流遠
あうすなのアダポ
ABGQaefg&24?

永

▶ p.83, p.149, p.171

霞青藍 L/R/M/B

永国我語東今流遠
あうすなのアダポ
ABGQaefg&24?

永 永 永 永

▶ p.99, p.160, p.165

霞白藤 L/R/M/B

永国我語東今流遠
あうすなのアダポ
ABGQaefg&24?

永 永 永 永

▶ p.83, p.98, p.159, p.165

きざはし金陵 M/B

永国我語東今流遠
あうすなのアダポ
ABGQaefg&24?

永 永

▶ p.95, p.160, p.165

しまなみ

永国我語東今流遠
あうすなのアダポ
ABGQaefg&24?

永

▶ p.88

新ゴ EL/L/R/M/DB/B/H/U

永国我語東今流遠
あうすなのアダポ
ABGQaefg&24

永 永 永 永 永 永 永 永

▶ p.113, p.163, p.169

ネオツデイ 大がな EL-KL/L-KL/R-KL/M-KL/DB-KL/B-KL/H-KL/U-KL

永国我語東今流遠
あうすなのアダポ
ABGQaefg&24?

あ

あ あ あ あ あ あ あ あ

ネオツデイ 小がな　EL-KS/L-KS/R-KS/M-KS/DB-KS/B-KS/H-KS/U-KS

あ　永国我語東今流遠
あうすなのアダポ
ABGQaefg&24?

ハッピーN+　L/R/M/B/H/U

永　永国我語東今流遠
あうすなのアダポ
ABGQaefg&24

▶ p.26

わんぱくゴシックN　L/R/M/DB/B/H/U

あ　永国我語東今流遠
あうすなのアダポ
ABGQaefg&24

タイプラボN　L/R/M/DB/B/H/U

あ　永国我語東今流遠
あうすなのアダポ
ABGQaefg&2

▶ p.47, p.91, p.174

はせトッポ　L/R/M/DB/B/H/U

あ　永国我語東今流遠
あうすなのアダポ
ABGQaefg&2

▶ p.27

ゴシックMB101　L/R/M/DB/B/H/U

永　永国我語東今流遠
あうすなのアダポ
ABGQaefg&24

▶ p.67, p.121, p.154

ゴシックMB101 小がな　L-KS/R-KS/M-KS

あ　永国我語東今流遠
あうすなのアダポ
ABGQaefg&24

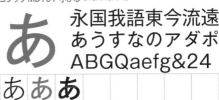

墨東N　L/R/M/DB/B/H/U

あ　永国我語東今流遠
あうすなのアダポ
ABGQaefg&2

▶ p.38

ゼンゴN　L/R/M/DB/B/H/U

あ　永国我語東今流遠
あうすなのアダポ
ABGQaefg&2

▶ p.69

あおとゴシック　EL/L/R/M/DB/B/EB

永　永国我語東今流遠
あうすなのアダポ
ABGQaefg&24?

▶ p.92, p.135, p.165, p.174

A1ゴシック　L/R/M/B

永　永国我語東今流遠
あうすなのアダポ
ABGQaefg&24?

▶ p.78, p.149, p.165, p.171

中ゴシックBBB

永　永国我語東今流遠
あうすなのアダポ
ABGQaefg&24?

▶ p.130, p.165

太ゴB101

永国我語東今流遠
あうすなのアダポ
ABGQaefg&24?

▶ p.120

見出ゴMB1

永国我語東今流遠
あうすなのアダポ
ABGQaefg&24?

▶ p.120

見出ゴMB31

永国我語東今流遠
あうすなのアダポ
ABGQaefg&24?

▶ p.120

秀英角ゴシック金 L/M/B

永国我語東今流遠
あうすなのアダポ
ABGQaefg&24?

▶ p.76, p.132

秀英角ゴシック銀 L/M/B

永国我語東今流遠
あうすなのアダポ
ABGQaefg&24?

▶ p.170

秀英にじみ角ゴシック金

永国我語東今流遠
あうすなのアダポ
ABGQaefg&24?

▶ p.150

秀英にじみ角ゴシック銀

永国我語東今流遠
あうすなのアダポ
ABGQaefg&24?

▶ p.102, p.150

凸版文久ゴシック R/DB

永国我語東今流遠
あうすなのアダポ
ABGQaefg&24?

▶ p.135, p.170, p.174

凸版文久見出しゴシック

永国我語東今流遠
あうすなのアダポ
ABGQaefg&24?

▶ p.121

くれたけ銘石

永国我語東今流遠
あうすなのアダポ
ABGQaefg&24?

▶ p.35, p.98, p.149

じゅん 101/201/34/501

永国我語東今流遠
あうすなのアダポ
ABGQaefg&24

▶ p.75

新丸ゴ L/R/M/DB/B/H/U

永国我語東今流遠
あうすなのアダポ
ABGQaefg&24

▶ p.32, p.154, p.169

丸ツデイ＋ L/R/M/DB/B/H/U

永

永国我語東今流遠
あうすなのアダポ
ABGQaefg&24?

永永永永永永永

丸アンチック＋ L/R/M/DB/B/H/U

永

永国我語東今流遠
あうすなのアダポ
ABGQaefg&24?

永永永永永永永

カモレモン＋ L/R/M/DB/B/H/U

永

永国我語東今流遠
あうすなのアダポ
ABGQaefg&24?

永永永永永永永

▶ p.23

カモライム＋ L/R/M/DB/B/H/U

永

永国我語東今流遠
あうすなのアダポ
ABGQaefg&24?

永永永永永永永

キャピーN L/R/M/DB/B/H/U

あ

永国我語東今流遠
あうすなのアダポ
ABGQaefg&24

あああああああ

▶ p.23

ららぽっぷ L/R/M/DB/B/H/U

あ

永国我語東今流遠
あうすなのアダポ
ABGQaefg&24

▶ p.28

ソフトゴシック L/R/M/DB/B/H/U

永

永国我語東今流遠
あうすなのアダポ
ABGQaefg&24

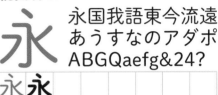

▶ p.32, p.163

秀英丸ゴシック L/B

永

永国我語東今流遠
あうすなのアダポ
ABGQaefg&24?

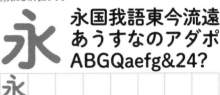

▶ p.75, p.170

秀英にじみ丸ゴシック

永

永国我語東今流遠
あうすなのアダポ
ABGQaefg&24?

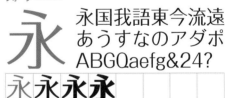

▶ p.78, p.150

フォーク R/M/B/H

永

永国我語東今流遠
あうすなのアダポ
ABGQaefg&24?

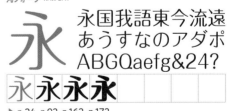

▶ p.47, p.90, p.162, p.172

丸フォーク R/M/B/H

永

永国我語東今流遠
あうすなのアダポ
ABGQaefg&24?

永永永永

▶ p.24, p.92, p.162, p.172

カクミン R/M/B/H

永

永国我語東今流遠
あうすなのアダポ
ABGQaefg&24?

▶ p.91

翠流ネオロマン

永国我語東今流遠
あうすなのアダポ
ABGQaefg&2

▶ p.39, p.92, p.164

翠流デコロマン

永国我語東今流遠
あうすなのアダポ
ABGQaefg&2

▶ p.39, p.153

解ミン 宙 R/M/B/H

永国我語東今流遠
あうすなのアダポ
ABGQaefg&24?

▶ p.79

解ミン 月 R/M/B/H

永国我語東今流遠
あうすなのアダポ
ABGQaefg&24?

▶ p.57, p.160

はぜミン R/M/B

永国我語東今流遠
あうすなのアダポ
ABGQaefg&24?

▶ p.22

モアリア R/B

永国我語東今流遠
あうすなのアダポ
ABGQaefg&24?

▶ p.36

ほなみ L/R/M/B/EB/H/EH/U

永国我語東今流遠
あうすなのアダポ
ABGQaefg&24?

▶ p.18, p.38

ココン

永国我語東今流遠
あうすなのアダポ
ABGQaefg&24?

▶ p.18, p.38

ちさき

永国我語東今流遠
あうすなのアダポ
ABGQaefg&24?

▶ p.35, p.166

白妙 L/M

永国我語東今流遠
あうすなのアダポ
ABGQaefg&24?

▶ p.80, p.141, p.157

白妙 オールド L/M

永国我語東今流遠
あうすなのアダポ
ABGQaefg&24?

▶ p.57, p.85, p.157, p.166

シネマレター

永国我語東今流遠
あうすなのアダポ
ABGQaefg&24

▶ p.50, p.140, p.164

トーキング

永国我語東今流遠
あうすなのアダポ
ABGQaefg&24?

▶ p.51, p.76, p.140

ぺんぱる

永国我語東今流遠
あうすなのアダポ
ABGQaefg&24?

▶ p.81, p.140

くろまめ

永国我語東今流遠
あうすなのアダポ
ABGQaefg&2

▶ p.50, p.140, p.164

タカハンド L/M/DB/B/H

永国我語東今流遠
あうすなのアダポ
ABGQaefg&24?

▶ p.26

タカリズム R/M/DB

永国我語東今流遠
あうすなのアダポ
ABGQaefg&24?

▶ p.30

タカポッキ

永国我語東今流遠
あうすなのアダポ
ABGQaefg&24

▶ p.29, p.140

タカモダン

永国我語東今流遠
あうすなのアダポ
ABGQaefg&2

▶ p.30, p.38

タカ風太

永国我語東今流遠
あうすなのアダポ
ABGQaefg&24?

▶ p.22, p.140

明石

永国我語東今流遠
あうすなのアダポ
ABGQaefg&24?

▶ p.87, p.157

徐明

永国我語東今流遠
あうすなのアダポ
ABGQaefg&24?

▶ p.87, p.145, p.157

かもめ龍爪

永国我語東今流遠
あうすなのアダポ
ABGQaefg&24?

▶ p.100, p.145

げんろく志安

永国我語東今流遠
あうすなのアダポ
ABGQaefg&24?

▶ p.100

みちくさ

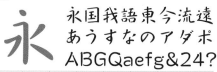

永国我語東今流遠
あうすなのアダポ
ABGQaefg&24?

那欽

永国我語東今流遠
あうすなのアダポ
ABGQaefg&24?

武蔵野

永国我語東今流遠
あうすなのアダポ
ABGQaefg&24?

武蔵野 草かな

永国我語東今流遠
あうすなのアダポ
ABGQaefg&24?

くもやじ

永国我語東今流遠
あうすなのアダポ
ABGQaefg&24?

プリティー桃

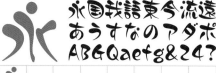

永国我語東今流遠
あうすなのアダポ
ABGQaefg&24?

トンネル 細線/太線

永国我語東今流遠
あうずなのアダポ
ABGQaefg&2

イカヅチ

永国我語東今流遠
あうずなのアダポ
ABGQaefg&2

ハルクラフト

永国我語東今流遠
あうすなのアダポ
ABGQaefg&24

竹 L/M/B/H

永国我語東今流遠
あうすなのアダポ
ABGQaefg&24?

翠流アトラス R/M/B

永国我語東今流遠
あうすなのアダポ
ABGQaefg&2

ラピスエッジ L/M/B

永国我語東今流遠
あうすなのアダポ
ABGQaefg&2

ラピスメルト L/M/B

永国我語東今流遠
あうすなのアダポ
ABGQaefg&2

永 永 永

▶ p.43, p.162, p.167

はるひ学園

永国我語東今流遠
あうすなのアダポ
ABGQaefg&24?

永

▶ p.19, p.166

すずむし

永国我語東今流遠
あうすなのアダポ
ABGQaefg&24?

永

▶ p.18, p.148, p.166

ぽってり L/R/M/B

永国我語東今流遠
あうすなのアダポ
ABGQaefg&24?

永 永 永永

▶ p.20, p.155, p.166

プフ ホリデー

永国我語東今流遠
あうすなのアダポ
ABGQaefg&24?

永

▶ p.21, p.81, p.140

プフ ポッケ

永国我語東今流遠
あうすなのアダポ
ABGQaefg&24?

永

▶ p.21, p.166

プフ マーチ

永国我語東今流遠
あうすなのアダポ
ABGQaefg&24?

永

▶ p.19, p.166

プフ ピクニック

永国我語東今流遠
あうすなのアダポ
ABGQaefg&24?

永

▶ p.20, p.155

うたよみ

永国我語東今流遠
あうすなのアダポ
ABGQaefg&24?

永

▶ p.48, p.147

はせ筆

永国我語東今流遠
あうすなのアダポ
ABGQaefg&24?

永

▶ p.61, p.141, p.147, p.150

黒曜

永国我語東今流遠
あうすなのアダポ
ABGQaefg&24?

永

▶ p.70, p.147, p.155

剣閃

永国我語東今流遠
あうすなのアダポ
ABGQaefg&24?

永

▶ p.55, p.67, p.147

澄月

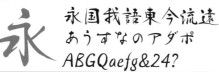

永 国我語東今流遠
あうすなのアダポ
ABGQaefg&24?

永

▶ p.59, p.143, p.151

小琴 京かな

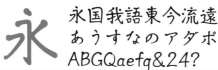

永国我語東今流遠
あうすなのアダポ
ABGQaefg&24?

永

▶ p.60, p.147

小琴 遊かな

永国我語東今流遠
あうすなのアダポ
ABGQaefg&24?

永

▶ p.80, p.141, p.147

新ゴ シャドウ

永国我語東今流遠
あうすなのアダポ
ABGQaefg&24

永

▶ p.152

新ゴ エンボス

永国我語東今流遠
あうすなのアダポ
ABGQaefg&24

▶ p.152

新ゴ ライン

永国我語東今流遠
あうすなのアダポ
ABGQaefg&2

永

▶ p.152

新ゴ 太ライン

永国我語東今流遠
あうすなのアダポ
ABGQaefg&2

永

▶ p.152

新丸ゴ シャドウ

永国我語東今流遠
あうすなのアダポ
ABGQaefg&24

永

▶ p.152

新丸ゴ エンボス

永国我語東今流遠
あうすなのアダポ
ABGQaefg&24

永

▶ p.152

新丸ゴ ライン

永国我語東今流遠
あうすなのアダポ
ABGQaefg&2

永

▶ p.152

新丸ゴ 太ライン

永国我語東今流遠
あうすなのアダポ
ABGQaefg&2

永

▶ p.153

正楷書CB1

永国我語東今流遠
あうすなのアダポ
ABGQaefg&24

永

▶ p.142

筆書体

新正楷書 CBSK1

永国我語東今流遠
あうすなのアダポ
ABGQaefg&24

▶ p.109, p.142

欧体楷書

永国我語東今流遠
あうすなのアダポ
ABGQaefg&24?

▶ p.85, p.142

欧体楷書 藤かな

永国我語東今流遠
あうすなのアダポ
ABGQaefg&24?

あ

楷書 MCBK1

永国我語東今流遠
あうすなのアダポ
ABGQaefg&24

▶ p.55, p.142, p.154

さくらぎ蛍雪

永国我語東今流遠
あうすなのアダポ
ABGQaefg&24?

▶ p.58, p.145

教科書 ICA L/R/M

永国我語東今流遠
あうすなのアダポ
ABGQaefg&24?

永 永 永

▶ p.109, p.146, p.176

筆書体

角新行書 L/M

永国我語東今流遠
あうすなのアダポ
ABGQaefg&24?

▶ p.54, p.143

錦麗行書

永国我悟東今流遠
あうすなのアダポ
ABGQaefg&24?

▶ p.59, p.143

隷書 E1

永国我語東今流遠
あうすなのアダポ
ABGQaefg&24?

▶ p.102, p.144, p.163

隷書101

永国我語東今流遠
あうすなのアダポ
ABGQaefg&24?

▶ p.49, p.144

陸隷

永国我語東今流遠
あうすなのアダポ
ABGQaefg&24?

▶ p.44, p.144

勘亭流

永国我語東今流遠
あうすなのアダポ
ABGQaefg&24?

▶ p.62, p.146, p.154, p.164

UD新ゴ コンデンス80 EL/L/R/M/DB/B/H/U

永

永国我語東今流遠
あうすなのアダポ
ABGQaefg&24?

永 永 永 永 永 永 永 永

▶ p.92, p.118, p.167, p.179, p.183

UD新ゴ コンデンス70 EL/L/R/M/DB/B/H/U

永

永国我語東今流遠
あうすなのアダポ
ABGQaefg&24?

永 永 永 永 永 永 永 永

▶ p.174

UD新ゴ コンデンス60 EL/L/R/M/DB/B/H/U

永

永国我語東今流遠
あうすなのアダポ
ABGQaefg&24?

永 永 永 永 永 永 永 永

▶ p.167

UD新ゴ コンデンス50 EL/L/R/M/DB/B/H/U

永

永国我語東今流遠
あうすなのアダポ
ABGQaefg&24?

永 永 永 永 永 永 永 永

学参 常改リュウミン L-KL/R-KL/M-KL/B-KL

永

永国我語東今流遠
あうすなのアダポ
ABGQaefg&24?

永 永 永 永

▶ p.177

学参 リュウミン L-KL/R-KL/M-KL/B-KL

永

永国我語東今流遠
あうすなのアダポ
ABGQaefg&24?

永 永 永 永

学参 常改新ゴ L/R/M/DB/B

永

永国我語東今流遠
あうすなのアダポ
ABGQaefg&24

永 永 永 永 永

▶ p.177

学参 新ゴ L/R/M/DB/B

永

永国我語東今流遠
あうすなのアダポ
ABGQaefg&24

永 永 永 永 永

学参 常改中ゴシックBBB

永

永国我語東今流遠
あうすなのアダポ
ABGQaefg&24?

永

▶ p.177

学参 中ゴシックBBB

永

永国我語東今流遠
あうすなのアダポ
ABGQaefg&24?

永

学参 常改太ゴB101

永

永国我語東今流遠
あうすなのアダポ
ABGQaefg&24?

永

▶ p.177

学参 太ゴB101

永

永国我語東今流遠
あうすなのアダポ
ABGQaefg&24?

永

学参 常改じゅん 34/501

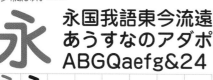

永国我語東今流遠
あうすなのアダポ
ABGQaefg&24

永永

▶ p.177

学参 じゅん 34/501

永国我語東今流遠
あうすなのアダポ
ABGQaefg&24

永永

学参 常改新丸ゴ L/R/M/DB/B

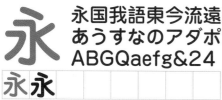

永国我語東今流遠
あうすなのアダポ
ABGQaefg&24

永永永永永

▶ p.177

学参 新丸ゴ L/R/M/DB/B

永国我語東今流遠
あうすなのアダポ
ABGQaefg&24

永永永永永

学参 常改教科書ICA L/R/M

永国我語東今流遠
あうすなのアダポ
ABGQaefg&24

永永永

▶ p.177

学参 教科書ICA L/R/M

永国我語東今流遠
あうすなのアダポ
ABGQaefg&24

永永永

学参かな 新ゴ R/M/B

永国我語東今流遠
あうすなのアダポ
ABGQaefg&24

あああ

学参かな 新丸ゴ R/M/B

永国我語東今流遠
あうすなのアダポ
ABGQaefg&24

あああ

学参かな 教科書ICA L/R/M

永国我語東今流遠
あうすなのアダポ
ABGQaefg&24

あああ

学参かな アンチックAN R/M/B

永国我語東今流遠
あうすなのアダポ
ABGQaefg&24?

あああ

学参かな ネオツデイ 大がな L-KL/R-KL/M-KL/DB-KL/B-KL

永国我語東今流遠
あうすなのアダポ
ABGQaefg&24?

あああああ

筆順ICA／筆順常用ICA R/M

安安

▶ p.178

筆順2ICA／筆順常用2ICA R/M

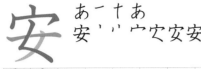

あ ー 宀 あ
安 ` ` 宀 宀 安 安

安 安

▶ p.178

学参欧文 Century Phonetic

ð

ǽɛ̀ɜ́ʌ̀ɛ́ɔ̀ʌ́éɔ̀ŋʃʒð
θàùì: ( )[ ]

abədefghijklmnopqrs

táip

学参欧文 ブロック体

a

THE HISTORIES of
Typing & Design
123,456,789 !?&

Gg15

学参欧文 ローマ字1 Light/Regular/Medium

a

THE HISTORIES of
Typography & Design
123,456,789.0 !?&

| Gg15 | Gg15 | **Gg15** | |

学参欧文 ローマ字2 Light/Regular/Medium

a

THE HISTORIES of
Typography & Design
123,456,789.0 !?&

| Gg15 | Gg15 | **Gg15** | |

学参欧文 CenturyOld Roman/Italic

a

THE HISTORIES of
Typing & Design
123,456,789.0 !?&

| Gg15 | *Gg15* | | |

学参欧文 Century Bold/BoldItalic

a

**THE HISTORIES of
Typing & Design
123,456,789 !?&**

| **Gg15** | ***Gg15*** | | |

学参数字 イタリック K10/K20/K30/K40/K50/K60

7

1234567890$^{2°}$
( )×+−÷x y kg mg
km cm mm g km^2 m^2 cm^2

| *7kg* | *7kg* | *7kg* | **7kg** | **7kg** | **7kg** |

学参数字 正体SI K10/K20/K30/K40/K50/K60

7

1234567890$^{2°}$
( )×+−÷x y kg mg
km cm mm g km^2 m^2 cm^2

| 7kg | 7kg | 7kg | **7kg** | **7kg** | **7kg** |

Role Serif Text Pro
ExtraLight/ExtraLight Italic/Light/Light Italic/Regular/
Italic/Medium/Medium Italic/Bold/Bold Italic/ExtraBold/
ExtraBold Italic/Heavy/Heavy Italic

a THE HISTORIES of
Typography & Design
123,456,789.0 !?&@

*a THE HISTORIES of
Typography & Design
123,456,789.0 !?&@*

Gg	Gg	Gg	**Gg**	**Gg**	**Gg**	**Gg**
Gg	*Gg*	*Gg*	***Gg***	***Gg***	***Gg***	***Gg***

▶ p.161

Role Serif Display Pro
ExtraLight/ExtraLight Italic/Light/Light Italic/Regular/
Italic/Medium/Medium Italic/Bold/Bold Italic/ExtraBold/
ExtraBold Italic/Heavy/Heavy Italic

a THE HISTORIES of
Typography & Design
123,456,789.0 !?&@

*a THE HISTORIES of
Typography & Design
123,456,789.0 !?&@*

Gg	Gg	Gg	**Gg**	**Gg**	**Gg**	**Gg**
Gg	*Gg*	*Gg*	***Gg***	***Gg***	***Gg***	***Gg***

▶ p.137, p156, p.172

Role Serif Banner Pro
ExtraLight/ExtraLight Italic/Light/Light Italic/Regular/
Italic/Medium/Medium Italic/Bold/Bold Italic/
ExtraBold/ExtraBold Italic/Heavy/Heavy Italic

a THE HISTORIES of
Typography & Design
123,456,789.0 !?&@

*a THE HISTORIES of
Typography & Design
123,456,789.0 !?&@*

Gg	Gg	Gg	**Gg**	**Gg**	**Gg**	**Gg**
Gg	*Gg*	*Gg*	***Gg***	***Gg***	***Gg***	***Gg***

▶ p.89, p.159

Pietro Text Pro Thin/Thin Italic/Light/Light Italic/Regular/
Italic/DemiBold/DemiBold Italic/Bold/Bold Italic

a Typography & Design
123,456,789.0 !?&@

Gg	Gg	Gg	**Gg**	**Gg**
Gg	*Gg*	*Gg*	***Gg***	***Gg***

▶ p.130, p.151

Pietro Display Pro Thin/Thin Italic/Light/Light Italic/Regular/
Italic/DemiBold/DemiBold Italic/Bold/Bold Italic

a Typography & Design
123,456,789.0 !?&@

Gg	Gg	Gg	**Gg**	**Gg**
Gg	*Gg*	*Gg*	***Gg***	***Gg***

▶ p.98

Letras Oldstyle Pro
Regular/Italic/DemiBold/DemiBold Italic/Bold/Bold Italic

a THE HISTORIES of
Typography & Design
123,456,789.0 !?&@

Gg	*Gg*	**Gg**	*Gg*	**Gg**	**Gg**

▶ p.98

Letras Oldstyle Narrow Pro
Regular/Italic/DemiBold/DemiBold Italic/Bold/Bold Italic

a THE HISTORIES of
Typography & Design
123,456,789.0 !?&@

Gg	*Gg*	**Gg**	*Gg*	**Gg**	**Gg**

Letras Oldstyle Condensed Pro
Regular/Italic/DemiBold/DemiBold Italic/Bold/Bold Italic

a THE HISTORIES of
Typography & Design
123,456,789.0 !?&@

Gg	*Gg*	**Gg**	*Gg*	**Gg**	**Gg**

▶ p.168

CaslonMO Pro
Light/Light Italic/Regular/Italic/Bold/Bold Italic/Heavy/Heavy Italic

a Typography & Design
123,456,789.0 !?&@

Gg	Gg	**Gg**	**Gg**
Gg	*Gg*	***Gg***	***Gg***

▶ p.126

CaslonMO Condensed Pro
Light/Light Italic/Regular/Italic/Bold/Bold Italic/Heavy/Heavy Italic

Typography & Design
123,456,789.0 !?&@

Gg	Gg	**Gg**	**Gg**
Gg	*Gg*	*Gg*	*Gg*

▶ p.168

CaslonMO Compressed Pro
Light/Light Italic/Regular/Italic/Bold/Bold Italic/Heavy/Heavy Italic

Typography & Design
123,456,789.0 !?&@

Gg	Gg	**Gg**	**Gg**
Gg	*Gg*	*Gg*	*Gg*

Star Times Text Pro
Regular/Italic/Bold/Bold Italic

THE HISTORIES of
Typography & Design
123,456,789.0 !?&@

Gg	*Gg*	**Gg**	**Gg**

▶ p.173

Star Times Display Pro
Regular/Italic/Bold/Bold Italic

THE HISTORIES of
Typography & Design
123,456,789.0 !?&@

Gg	*Gg*	**Gg**	**Gg**

▶ p.112, p.173

BodoniMO Pro
Regular/Italic/Bold/Bold Italic

THE HISTORIES of
Typography & Design
123,456,789.0 !?&@

Gg	*Gg*	**Gg**	**Gg**

▶ p.096

BodoniMO Condensed Pro
Regular/Bold

THE HISTORIES of
Typography & Design
123,456,789.0 !?&@

Gg	**Gg**		

▶ p.168

Pistilli Pro

THE HISTORIES of
Typography & Design
123,456,789.0 !?&@

Gg			

▶ p.105, p.159

Lima PE
Regular/Italic/Medium/Medium Italic/Bold/Bold Italic

THE HISTORIES of
Typography & Design
123,456,789.0 !?&@

Gg	*Gg*	**Gg**	*Gg*	**Gg**	*Gg*

▶ p.77, p.161, p.175

Areon Pro
ExtraLight/ExtraLight Italic/Light/Light Italic/Regular/
Italic/Medium/Medium Italic/Bold/Bold Italic/
ExtraBold/ExtraBold Italic

THE HISTORIES of
Typing & Design
123,456,789.0 !?&@

THE HISTORIES of
Typography & Design
123,456,789.0 !?&@

Gg	Gg	Gg	**Gg**	**Gg**	**Gg**
Gg	*Gg*	*Gg*	*Gg*	*Gg*	*Gg*

▶ p.133, p.161, p.175

Vonk Pro
Regular/Italic/Medium/Medium Italic/Bold/
Bold Italic/ExtraBold/ExtraBold Italic/Heavy/Heavy Italic

Typography & Design
123,456,789.0 !?&@

Gg	**Gg**	**Gg**	**Gg**	**Gg**
Gg	*Gg*	*Gg*	*Gg*	*Gg*

▶ p.73, p.103, p.156, p.161

Zingha Pro
Regular/Italic/Medium/Medium Italic/Bold/
Bold Italic/Bold Deco/Bold Deco Italic

Typography & Design
123,456,789.0 !?&@

Gg	**Gg**	**Gg**	Gg
Gg	**Gg**	**Gg**	*Gg*

▶ p.41, p.153

LatinMO Pro

Light/Light Italic/Regular/Italic/Bold/Bold Italic

THE HISTORIES of
Typography & Design
123,456,789.0 !?&@

Gg *Gg* Gg *Gg* **Gg** *Gg*

▶ p.45

LatinMO Condensed Pro

Light/Light Italic/Regular/Italic/Bold/Bold Italic

THE HISTORIES of
Typography & Design
123,456,789.0 !?&@

Gg *Gg* Gg *Gg* Gg *Gg*

▶ p.168

Role Slab Text Pro

Thin/Thin Italic/ExtraLight/ExtraLight Italic/Light/Light Italic/
Regular/Italic/Medium/Medium Italic/Bold/Bold Italic/
ExtraBold/ExtraBold Italic/Heavy/Heavy Italic/Black/Black Italic

THE HISTORIES of
Typography & Design
123,456,789.0 !?&@

*THE HISTORIES of
Typography & Design
123,456,789.0 !?&@*

Gg Gg Gg Gg **Gg Gg Gg Gg Gg**
Gg Gg Gg Gg Gg Gg Gg Gg Gg

▶ p.123, p.158

Role Slab Display Pro

Thin/Thin Italic/ExtraLight/ExtraLight Italic/Light/Light Italic/
Regular/Italic/Medium/Medium Italic/Bold/Bold Italic/
ExtraBold/ExtraBold Italic/Heavy/Heavy Italic/Black/Black Italic

THE HISTORIES of
Typography & Design
123,456,789.0 !?&@

*THE HISTORIES of
Typography & Design
123,456,789.0 !?&@*

Gg Gg Gg Gg **Gg Gg Gg Gg Gg**
Gg Gg Gg Gg Gg Gg Gg Gg Gg

▶ p.172

Role Slab Banner Pro

Thin/Thin Italic/ExtraLight/ExtraLight Italic/Light/Light Italic/
Regular/Italic/Medium/Medium Italic/Bold/Bold Italic/
ExtraBold/ExtraBold Italic/Heavy/Heavy Italic/Black/Black Italic

THE HISTORIES of
Typography & Design
123,456,789.0 !?&@

*THE HISTORIES of
Typography & Design
123,456,789.0 !?&@*

Gg Gg Gg Gg **Gg Gg Gg Gg Gg**
Gg Gg Gg Gg Gg Gg Gg Gg Gg

▶ p.67

Role Sans Text Pro

Thin/Thin Italic/ExtraLight/ExtraLight Italic/Light/Light Italic/
Regular/Italic/Medium/Medium Italic/Bold/Bold Italic/
ExtraBold/ExtraBold Italic/Heavy/Heavy Italic/Black/Black Italic

THE HISTORIES of
Typography & Design
123,456,789.0 !?&@

*THE HISTORIES of
Typography & Design
123,456,789.0 !?&@*

Gg Gg Gg Gg **Gg Gg Gg Gg Gg**
Gg Gg Gg Gg Gg Gg Gg Gg Gg

▶ p.137

Role Sans Display Pro

Thin/Thin Italic/ExtraLight/ExtraLight Italic/Light/Light Italic/
Regular/Italic/Medium/Medium Italic/Bold/Bold Italic/
ExtraBold/ExtraBold Italic/Heavy/Heavy Italic

THE HISTORIES of
Typography & Design
123,456,789.0 !?&@

*THE HISTORIES of
Typography & Design
123,456,789.0 !?&@*

Gg Gg Gg Gg **Gg Gg Gg Gg**
Gg Gg Gg Gg Gg Gg Gg Gg

▶ p.172

Role Sans Banner Pro

Thin/Thin Italic/ExtraLight/ExtraLight Italic/Light/Light Italic/
Regular/Italic/Medium/Medium Italic/Bold/Bold Italic/
ExtraBold/ExtraBold Italic/Heavy/Heavy Italic

a

THE HISTORIES of
Typography & Design
123,456,789.0 !?&@

THE HISTORIES of
Typography & Design
123,456,789.0 !?&@

Gg	Gg	Gg	Gg	**Gg**	**Gg**	**Gg**	**Gg**
Gg	*Gg*	*Gg*	*Gg*	***Gg***	***Gg***	***Gg***	***Gg***

▶ p.93, p.162

Sharoa Pro

UltraLight/UltraLight Italic/ExtraLight/ExtraLight Italic/Light/Light Italic/
Regular/Italic/Medium/Medium Italic/DemiBold/DemiBold Italic/Bold/Bold
Italic/ExtraBold/ExtraBold Italic/Heavy/Heavy Italic/Ultra/Ultra Italic

a

THE HISTORIES of
Typography & Design
123,456,789.0 !?&@

THE HISTORIES of
Typography & Design
123,456,789.0 !?&@

Gg	Gg	Gg	Gg	**Gg**	**Gg**	**Gg**	**Gg**	**Gg**	**Gg**
Gg	*Gg*	*Gg*	*Gg*	***Gg***	***Gg***	***Gg***	***Gg***	***Gg***	***Gg***

▶ p.136, p.175

Concert Pro

Light/Light Italic/Regular/Italic/Bold/Bold Italic/Black/Black Italic

a

Typography & Design
123,456,789.0 !?&@

Gg	Gg	**Gg**	**Gg**
Gg	*Gg*	***Gg***	***Gg***

▶ p.77, p.175

Citrine Pro

Light/Light Italic/Regular/Italic/Medium/Medium Italic/Bold/Bold Italic

a

Typography & Design
123,456,789.0 !?&@

Gg	Gg	**Gg**	**Gg**
Gg	*Gg*	***Gg***	***Gg***

▶ p.150

Eminence Pro Thin/Thin Italic/Regular/Italic/Medium/
Medium Italic/Bold/Bold Italic/Black/Black Italic

a

Typography & Design
123,456,789.0 !?&@

Gg	Gg	**Gg**	**Gg**	**Gg**
Gg	*Gg*	***Gg***	***Gg***	***Gg***

▶ p.119, p.156, p.158, p.175

Tapir Pro

ExtraLight/ExtraLight Italic/Light/Light Italic/
Regular/Italic/Medium/Medium Italic/Bold/
Bold Italic/Heavy/Heavy Italic

a

THE HISTORIES of
Typography & Design
123,456,789.0 !?&@

THE HISTORIES of
Typography & Design
123,456,789.0 !?&@

Gg	Gg	Gg	**Gg**	**Gg**	**Gg**
Gg	*Gg*	*Gg*	***Gg***	***Gg***	***Gg***

▶ p.27, p.73, p.156

Prelude Pro

Light/Light Italic/Medium/Medium Italic/Bold/Bold Italic/Black/Black Italic

a

Typography & Design
123,456,789.0 !?&@

Gg	Gg	**Gg**	**Gg**
Gg	*Gg*	***Gg***	***Gg***

▶ p.119, p.175

Prelude Condensed Pro

Light/Light Italic/Medium/Medium Italic/Bold/Bold Italic/Black/Black Italic

a

Typography & Design
123,456,789.0 !?&@

Gg	Gg	**Gg**	**Gg**
Gg	*Gg*	***Gg***	***Gg***

▶ p.168

Prelude Compressed Pro

Light/Light Italic/Medium/Medium Italic/Bold/Bold Italic/Black/Black Italic

a

Typography & Design
123,456,789.0 !?&@

Gg	Gg	**Gg**	**Gg**
Gg	*Gg*	***Gg***	***Gg***

VibeMO Pro

Thin/Light/Light Italic/Medium/Medium Italic/Bold/Bold Italic/Ultra

a

Typography & Design
123,456,789.0 !?&@

Gg Gg Gg **Gg** **Gg**
Gg *Gg* *Gg*

▶ p.73, p.156

VibeMO Condensed Pro

Thin/Light/Light Italic/Medium/Medium Italic/Bold/Bold Italic/Ultra

a

Typography & Design
123,456,789.0 !?&@

Gg Gg Gg **Gg** **Gg**
Gg *Gg* *Gg*

▶ p.168

VibeMO Compressed Pro

Thin/Light/Light Italic/Medium/Medium Italic/Bold/Bold Italic/Ultra

a

Typography & Design
123,456,789.0 !?&@

Gg Gg Gg **Gg** **Gg**
Gg *Gg* *Gg*

Cetra Text Pro

Regular/Italic/Medium/Medium Italic/Bold/Bold Italic

a

Typography &
Design
123,456,789.0 !?&@

Gg *Gg* **Gg** *Gg* **Gg** *Gg*

▶ p.93

Cetra Display Pro

Regular/Italic/Medium/Medium Italic/Bold/Bold Italic

a

Typography &
Design
123,456,789.0 !?&@

Gg *Gg* **Gg** *Gg* **Gg** *Gg*

▶ p.86, p.162

ClearTone SG

ExtraLight/Light/Regular/Medium/DemiBold/Bold/Heavy/Ultra

a

Typing & Design
123,456,789.0 !?&@

Gg Gg Gg Gg
Gg **Gg** **Gg** **Gg**

Role Soft Text Pro

Thin/Thin Italic/ExtraLight/ExtraLight Italic/Light/Light Italic/
Regular/Italic/Medium/Medium Italic/Bold/Bold Italic/
ExtraBold/ExtraBold Italic/Heavy/Heavy Italic/Black/Black Italic

a

THE HISTORIES of
Typography & Design
123,456,789.0 !?&@

a

THE HISTORIES of
Typography & Design
123,456,789.0 !?&@

Gg Gg Gg Gg **Gg** **Gg** **Gg** **Gg** **Gg**
Gg *Gg* *Gg* *Gg* **Gg** **Gg** **Gg** **Gg** **Gg**

▶ p.158

Role Soft Display Pro

Thin/Thin Italic/ExtraLight/ExtraLight Italic/Light/Light Italic/
Regular/Italic/Medium/Medium Italic/Bold/Bold Italic/
ExtraBold/ExtraBold Italic/Heavy/Heavy Italic/Black/Black Italic

a

THE HISTORIES of
Typography & Design
123,456,789.0 !?&@

a

THE HISTORIES of
Typography & Design
123,456,789.0 !?&@

Gg Gg Gg Gg **Gg** **Gg** **Gg** **Gg** **Gg**
Gg *Gg* *Gg* *Gg* **Gg** **Gg** **Gg** **Gg** **Gg**

▶ p.172

Role Soft Banner Pro

Thin/Thin Italic/ExtraLight/ExtraLight Italic/Light/Light Italic/
Regular/Italic/Medium/Medium Italic/Bold/Bold Italic/
ExtraBold/ExtraBold Italic/Heavy/Heavy Italic/Black/Black Italic

a

THE HISTORIES of
Typography & Design
123,456,789.0 !?&@

a

THE HISTORIES of
Typography & Design
123,456,789.0 !?&@

Gg Gg Gg Gg **Gg** **Gg** **Gg** **Gg** **Gg**
Gg *Gg* *Gg* *Gg* **Gg** **Gg** **Gg** **Gg** **Gg**

▶ p.33, p.156

Rocio Pro
Regular/Italic/Medium/Medium Italic/Bold/Bold Italic/Heavy/Heavy Italic

Typography & Design
123,456,789.0 !?&@

Gg	Gg	**Gg**	**Gg**
Gg	*Gg*	***Gg***	***Gg***

▶ p.79, p.150, p.151

Abelha Pro
ExtraLight/Regular/DemiBold

THE HISTORIES of

Typography & Design

123,456,789.0 !?&@

as	*as*	*as*

▶ p.89, p.141, p.151, p.158

Backflip Pro Thin/Thin Italic/Light/Light Italic/Regular/
Italic/Bold/Bold Italic/Heavy/Heavy Italic

Typography & Design
123,456,789.0 !?&@

Gg	Gg	Gg	**Gg**	**Gg**
Gg	*Gg*	*Gg*	***Gg***	***Gg***

▶ p.31, p.158

Rubberblade
Ultra/Ultra Italic

Typography & Design 123,456.0 !?&@

Gg	Gg		

▶ p.69, p.156

Lutes UD PE
Light/Light Italic/Regular/Italic/Medium/
Medium Italic/Bold/Bold Italic/ExtraBold/
ExtraBold Italic/Heavy/Heavy Italic

THE HISTORIES of
Typing & Design
123,456,789.0 !?&@

THE HISTORIES of
Typing & Design
123,456,789.0 !?&@

Gg	Gg	Gg	Gg	**Gg**	**Gg**
Gg	*Gg*	*Gg*	*Gg*	***Gg***	***Gg***

▶ p.110, p.175, p.182

Clarimo UD PE
ExtraLight/ExtraLight Italic/Light/Light Italic/Regular/
Italic/Medium/Medium Italic/DemiBold/DemiBold Italic/
Bold/Bold Italic/Heavy/Heavy Italic/Ultra/Ultra Italic

THE HISTORIES of
Typography & Design
123,456,789.0 !?&@

THE HISTORIES of
Typography & Design
123,456,789.0 !?&@

Gg	Gg	Gg	**Gg**	**Gg**	**Gg**	**Gg**	**Gg**
Gg	*Gg*	*Gg*	***Gg***	***Gg***	***Gg***	***Gg***	***Gg***

▶ p.116, p.168, p.184

Clarimo UD PE Narrow
ExtraLight/ExtraLight Italic/Light/Light Italic/Regular/
Italic/Medium/Medium Italic/DemiBold/DemiBold Italic/
Bold/Bold Italic/Heavy/Heavy Italic/Ultra/Ultra Italic

THE HISTORIES of
Typography & Design
123,456,789.0 !?&@

THE HISTORIES of
Typography & Design
123,456,789.0 !?&@

Gg	Gg	Gg	**Gg**	**Gg**	**Gg**	**Gg**	**Gg**
Gg	*Gg*	*Gg*	***Gg***	***Gg***	***Gg***	***Gg***	***Gg***

Clarimo UD PE Condensed
ExtraLight/ExtraLight Italic/Light/Light Italic/Regular/
Italic/Medium/Medium Italic/DemiBold/DemiBold Italic/
Bold/Bold Italic/Heavy/Heavy Italic/Ultra/Ultra Italic

THE HISTORIES of
Typography & Design
123,456,789.0 !?&@

THE HISTORIES of
Typography & Design
123,456,789.0 !?&@

Gg	Gg	Gg	**Gg**	**Gg**	**Gg**	**Gg**	**Gg**
Gg	*Gg*	*Gg*	***Gg***	***Gg***	***Gg***	***Gg***	***Gg***

▶ p.168, p.184

Clarimo UD PE Extra Condensed

ExtraLight/ExtraLight Italic/Light/Light Italic/Regular/
Italic/Medium/Medium Italic/DemiBold/DemiBold Italic/
Bold/Bold Italic/Heavy/Heavy Italic/Ultra/Ultra Italic

a

THE HISTORIES of
Typography & Design
123,456,789.0 !?&@

THE HISTORIES of
Typography & Design
123,456,789.0 !?&@

Gg	Gg	Gg	Gg	Gg	Gg	Gg	Gg
Gg	*Gg*	*Gg*	*Gg*	*Gg*	*Gg*	*Gg*	*Gg*

Clarimo UD PE Compressed

ExtraLight/ExtraLight Italic/Light/Light Italic/Regular/
Italic/Medium/Medium Italic/DemiBold/DemiBold Italic/
Bold/Bold Italic/Heavy/Heavy Italic/Ultra/Ultra Italic

a

THE HISTORIES of
Typography & Design
123,456,789.0 !?&@

The histories of
Design & Typing
123,456,789.0 !?&@

Gg	Gg	Gg	Gg	Gg	Gg	Gg	Gg
Gg	*Gg*	*Gg*	*Gg*	*Gg*	*Gg*	*Gg*	*Gg*

Clarimo UD PE Extra Compressed

ExtraLight/ExtraLight Italic/Light/Light Italic/Regular/
Italic/Medium/Medium Italic/DemiBold/DemiBold Italic/
Bold/Bold Italic/Heavy/Heavy Italic/Ultra/Ultra Italic

a

THE HISTORIES of
Typography & Design
123,456,789.0 !?&@

THE HISTORIES of
Typography & Design
123,456,789.0 !?&@

Gg	Gg	Gg	Gg	Gg	Gg	Gg	Gg
Gg	*Gg*	*Gg*	*Gg*	*Gg*	*Gg*	*Gg*	*Gg*

UD黎ミン 繁体字 L/R/M/B/EB/H (森澤UD黎明體)

読

我是隻貓。還沒有
名字。是在哪兒出
生的也不清楚。

讀 讀 讀 **讀 讀 讀**

▶ p.182

UD新ゴ 繁体字 標準字体 R/M/DB/B (森澤UD新黑 標準繁體)

読

我是隻貓。還沒有
名字。是在哪兒出
生的也不清楚。

讀 **讀 讀 讀**

▶ p.183

UD黎ミン 簡体字 L/R/M/B/EB/H (森泽UD黎明体)

读

我是只猫。还没有
名字。是在哪儿出
生的也不清楚。

读 读 **读 读 读 读**

▶ p.182

UD新ゴ 簡体字 R/M/DB/B (森泽UD新黑)

读

我是只猫。还没有
名字。是在哪儿出
生的也不清楚。

读 **读 读 读**

▶ p.183

UD黎ミン ハングル L/R/M/B/EB/H (UD 신고 한글)

독

나는 고양이로소
이다 . 이름은 아
직 없다 .

독 독 **독 독 독 독**

▶ p.182

UD新ゴ ハングル EL/L/R/M/DB/B/H/U (UD레이민 한글)

독

나는 고양이로소
이다 . 이름은 아
직 없다 .

독 독 독 **독 독 독 독 독**

▶ p.183

多言語書体

Clarimo UD Arabic
Regular/Medium/DemiBold/Bold

ش

استمتع بزيارة إلى اليابان!

ولغات | ولغات | ولغات | ولغات

▶ p.184

Clarimo UD Devanagari
Regular/Medium/DemiBold/Bold

ह

जापान की यात्रा का आनंद उठाएं!

ह | ह | ह | ह

▶ p.184

Clarimo UD Thai
Light/Light Italic/Regular/Italic/Medium/Medium Italic/DemiBold/DemiBold Italic/Bold/Bold Italic

ญ

การเขียนและภาษาในโลก

ญี่ปุ่น | ญี่ปุ่น | ญี่ปุ่น | ญี่ปุ่น | ญี่ปุ่น
ญี่ปุ่น | ญี่ปุ่น | ญี่ปุ่น | ญี่ปุ่น | ญี่ปุ่น

▶ p.184

Clarimo UD ThaiModern
Light/Light Italic/Regular/Italic/Medium/Medium Italic/DemiBold/DemiBold Italic/Bold/Bold Italic

ญ

การเขียนและภาษาในโลก

ญี่ปุ่น | ญี่ปุ่น | ญี่ปุ่น | ญี่ปุ่น | ญี่ปุ่น
ญี่ปุ่น | ญี่ปุ่น | ญี่ปุ่น | ญี่ปุ่น | ญี่ปุ่น

▶ p.184

記号書体（地紋・罫）

数字書体（数字・くいこみ数字）

¥1,980~   ¥980~   1,980円   1,980円

¥1,980~   ¥1,980~

¥1,980~   ¥1,980~

¥980~   ¥980~

¥1,980~   ¥980~

¥1,980~   ¥1,980~

¥1,980~   ¥1,980~

¥123,980~   ¥1,980~

¥1,980~   ¥1,980~   1,980円   1,980円

¥1,980~   ¥980~

¥980~   ¥980~

¥980~   ¥980~

明朝体

本明朝（標準がな） L/M/B/E/U

永

永国我語東今流遠
あうすなのアダポ
ABGQaefg&24?

永 永 **永 永 永**

▶ p.111

本明朝 小がな L/M

永

永国我語東今流遠
あうすなのアダポ
ABGQaefg&24?

永 永

本明朝 新がな L/M/BII/EII/U

永

永国我語東今流遠
あうすなのアダポ
ABGQaefg&24?

永 永 **永 永 永**

本明朝 新小がな L/M

永

永国我語東今流遠
あうすなのアダポ
ABGQaefg&24?

永 永

▶ p.127

本明朝-Book（標準がな）

永

永国我語東今流遠
あうすなのアダポ
ABGQaefg&24?

永

▶ p.111

本明朝-Book 小がな

永

永国我語東今流遠
あうすなのアダポ
ABGQaefg&24?

永

本明朝-Book 新がな

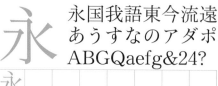

永国我語東今流遠
あうすなのアダポ
ABGQaefg&24?

永

本明朝-Book 新小がな

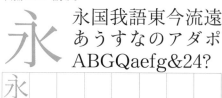

永国我語東今流遠
あうすなのアダポ
ABGQaefg&24?

永

築地（本明朝用） L/M/B/E

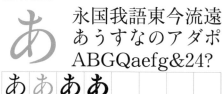

永国我語東今流遠
あうすなのアダポ
ABGQaefg&24?

あ あ **あ あ**

小町（本明朝用） L/M/B/E

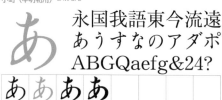

永国我語東今流遠
あうすなのアダポ
ABGQaefg&24?

あ あ **あ あ**

良寛（本明朝用） L/M/B/E

永国我語東今流遠
あうすなのアダポ
ABGQaefg&24?

あ あ **あ あ**

▶ p.63

行成（本明朝用） L/M/B/E

永国我語東今流遠
あうすなのアダポ
ABGQaefg&24?

あ あ **あ あ**

弘道軒（本明朝用）L/M/B/E

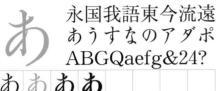

永国我語東今流遠
あうすなのアダポ
ABGQaefg&24?

ナウ（明朝）MM/MB/ME/MU

永

永国我語東今流遠
あうすなのアダポ
ABGQaefg&24?

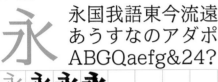

▶ p.71

築地（ナウ明朝用）MM/MB/ME/MU

あ

永国我語東今流遠
あうすなのアダポ
ABGQaefg&24?

小町（ナウ明朝用）MM/MB/ME/MU

あ

永国我語東今流遠
あうすなのアダポ
ABGQaefg&24?

良寛（ナウ明朝用）MM/MB/ME/MU

あ

永国我語東今流遠
あうすなのアダポ
ABGQaefg&24?

行成（ナウ明朝用）MM/MB/ME/MU

あ

永国我語東今流遠
あうすなのアダポ
ABGQaefg&24?

弘道軒（ナウ明朝用）MM/MB/ME/MU

あ

永国我語東今流遠
あうすなのアダポ
ABGQaefg&24?

ナウ（ゴシック）GM/GB/GE/GU

永

永国我語東今流遠
あうすなのアダポ
ABGQaefg&24?

▶ p.117, p.171

築地（ナウゴシック用）GM/GB/GE/GU

あ

永国我語東今流遠
あうすなのアダポ
ABGQaefg&24?

小町（ナウゴシック用）GM/GB/GE/GU

あ

永国我語東今流遠
あうすなのアダポ
ABGQaefg&24?

良寛（ナウゴシック用）GM/GB/GE/GU

あ

永国我語東今流遠
あうすなのアダポ
ABGQaefg&24?

行成（ナウゴシック用）GM/GB/GE/GU

あ

永国我語東今流遠
あうすなのアダポ
ABGQaefg&24?

弘道軒 (ナウゴシック用) GM/GB/GE/GU

永国我語東今流遠
あうすなのアダポ
ABGQaefg&24?

TBゴシックSL Normal/C8/C6 ※見本は長体90%

永国我語東今流遠
あうすなのアダポ
ABGQaefg&24?

▶ p.167

TBゴシックL Normal/C8/C6 ※見本は長体90%

永国我語東今流遠
あうすなのアダポ
ABGQaefg&24?

▶ p.167

TBゴシックR Normal/C8/C6 ※見本は長体90%

永国我語東今流遠
あうすなのアダポ
ABGQaefg&24?

▶ p.167

TBゴシックDB Normal/C8/C6 ※見本は長体90%

永国我語東今流遠
あうすなのアダポ
ABGQaefg&24?

▶ p.167

TBゴシックB Normal/C8/C6 ※見本は長体90%

永国我語東今流遠
あうすなのアダポ
ABGQaefg&24?

▶ p.167

TBカリグラゴシック R/E/U ※RのみMorisawa Fontsに搭載

永国我語東今流遠
あうすなのアダポ
ABGQaefg&24?

▶ p.37, p.141

G2サンセリフ B/U

永国我語東今流遠
あうすなのアダポ
ABGQaefg&2

▶ p.47, p.72, p.155, p.164

ぶらっしゅ

永国我語東今流遠
あうすなのアダポ
ABGQaefg&2

▶ p.66, p.155

ぽっくる

永国我語東今流遠
あうすなのアダポ
ABGQaefg&24?

▶ p.24

エコー L/R/B

永国我語東今流遠
あうすなのアダポ
ABGQaefg&24?

▶ p.45, p.88, p.167

オーブ

永国我語東今流遠
あうすなのアダポ
ABGQaefg&24?

▶ p.43, p.85, p.167

デザイン書体

オズ

永国我語東今流遠
あうすなのアダポ
ABGQaefg&24?

永

▶ p.41, p.45

赤のアリス

永国我語東今流遠
あうすなのアダポ
ABGQaefg&24?

永

▶ p.40

白のアリス

永国我語東今流遠
あうすなのアダポ
ABGQaefg&24?

永

▶ p.40, p.153

筆書体

篠 M/B

永国我語東今流遠
あうすなのアダポ
ABGQaefg&24?

永 永

▶ p.54, p.143

羽衣 M/B

永国我語東今流遠
あうすなのアダポ
ABGQaefg&24?

永 永

▶ p.53, p.143

TB古印体

永国我語東今流遠
あうすなのアダポ
ABGQaefg&24

永

▶ p.49, p.144

筆書体

日活正楷書体

永国我語東今流遠
あうすなのアダポ
ABGQaefg&24?

永

▶ p.112, p.142

花胡蝶 L/M/B

永国我語東今流遠
あうすなのアダポ
ABGQaefg&24?

永 永 永

▶ p.44, p.145

花蓮華 L/M/B

永国我語東今流遠
あうすなのアダポ
ABGQaefg&24?

永 永 永

▶ p.84, p.142

花牡丹

永国我語東今流遠
あうすなのアダポ
ABGQaefg&24?

永

▶ p.48, p.144

UD書体

TBUD明朝 M/H

永国我語東今流遠
あうすなのアダポ
ABGQaefg&24

永 永

▶ p.113, p.179

TBUDゴシック SL/R/B/E/H

永国我語東今流遠
あうすなのアダポ
ABGQaefg&24

永 永 永 永 永

▶ p.118, p.179

TBUD丸ゴシック SL/R/B/H

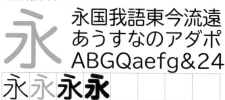

永国我語東今流遠
あうすなのアダポ
ABGQaefg&24

永 永 **永 永**

▶ p.115, p.180

UDタイポス 58/510/512/515

永国我語東今流遠
あうすなのアダポ
ABGQaefg&24

永 **永 永 永**

▶ p.90, p.162, p.180

UDデジタル教科書体 R/M/B/H

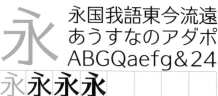

永国我語東今流遠
あうすなのアダポ
ABGQaefg&24?

永 **永 永 永**

▶ p.76, p.116, p.176, p.180

UD DigiKyo Latin
Regular/Medium/Bold/Heavy

The histories of
Typography & Design
123,456,789.0 !?&

Gg **Gg Gg Gg**

▶ p.176

UD DigiKyo Italic
Regular/Medium/Bold/Heavy

Typography &
Design
123,456,789.0 !?&

Gg ***Gg Gg Gg***

UD DigiKyo Writing

THE HISTORIES of
Typography & Design
123,456,789.0 !?&@

Gg

▶ p.176

UDデジタル教科書体 学習記号 R/M

kg

kg g mg kL L dL ℓ
ha cal H_2O_2 Ω
abcdefghijkln ƺ 24

kg ℓ kcal   **kg ℓ kcal**

▶ p.176

UDデジタル教科書体 筆順フォント TypeA E12/E34/E56/J1/J2/J3

安   あ ¯ | の
安 ' ' ¯ く ノ ー

安

▶ p.178

UDデジタル教科書体 筆順フォント TypeB E12/E34/E56/J1/J2/J3

安   あ ¯ ナ あ
安 ' '' 宀 宀 安 安

安

▶ p.178

Venetian (本明朝-Book用)
Book/Book Italic/Book SC/Book Italic OsF/Book Vertical

THE HISTORIES of
Typography & Design
123,456,789.0 !?&@

Gg15 *Gg15* GG15 *Gg15* ひあーら

Garamond (本明朝-Book用)
Book/Book Italic/Book SC/Book Italic OsF/Book Vertical

THE HISTORIES of
Typography & Design
123,456,789.0 !?&@

Gg15 *Gg15* GG15 *Gg15* ひあーら

Baskerville (本明朝-Book用)
Book/Book Italic/Book SC/Book Italic OsF/Book Vertical

THE HISTORIES of
Typography & Design
123,456,789.0 !?&@

Gg15 *Gg15* GG15 *Gg15* ひあーら

Bodoni (本明朝-Book用)
Book/Book Italic/Book SC/Book Italic OsF/Book Vertical

a THE HISTORIES of
Typography & Design
123,456,789.0 !?&@

Gg15	*Gg15*	Gɢ15	*Gg15*	ᴄ ᵍ ‒ ᵥ

游明朝体 L/R/M/D/B/E

永国我語東今流遠
あうすなのアダポ
ABGQaefg&24?

▶ p.131, p.157, p.169

游明朝体五号かな L/R/M/D

永国我語東今流遠
あうすなのアダポ
ABGQaefg&24?

▶ p.128

游明朝体36ポかな L/R/M/D/B/E

永国我語東今流遠
あうすなのアダポ
ABGQaefg&24?

▶ p.97

游築見出し明朝体

永国我語東今流遠
あうすなのアダポ

▶ p.104, p.159

游築見出し明朝体 Alt

雪寒朝花月墨炭起
歩靑海珊音響飴鯛
龍勇祈強彦朢派空

游築初号かな

永国我語東今流遠
あうすなのアダポ

文游明朝体

永国我語東今流遠
あうすなのアダポ
ABGQaefg&24?

▶ p.128

文游明朝体 文麗かな

永国我語東今流遠
あうすなのアダポ
ABGQaefg&24?

文游明朝体 蒼穹かな

永国我語東今流遠
あうすなのアダポ
ABGQaefg&24?

文游明朝体 勇壮かな

永国我語東今流遠
あうすなのアダポ
ABGQaefg&24?

▶ p.99

文游明朝体 古雅かな

永国我語東今流遠
あうすなのアダポ
ABGQaefg&24?

文游明朝体 S 垂水かな

永国我語東今流遠
あうすなのアダポ
ABGQaefg&24?

文游明朝体S 朝露かな

永

永国我語東今流遠
あうすなのアダポ
ABGQaefg&24?

永

文游明朝体S 水面かな

永

永国我語東今流遠
あうすなのアダポ
ABGQaefg&24?

永

游ゴシック体 L/R/M/D/B/E/H

永

永国我語東今流遠
あうすなのアダポ
ABGQaefg&24?

永 永 永 永 永 **永 永**

▶ p.129, p.157, p.169

游ゴシック体初号かな L/R/M/D/B/E/H

あ

永国我語東今流遠
あうすなのアダポ
ABGQaefg&24?

あ あ あ あ **あ あ あ**

▶ p.37, p.103

游教科書体 New M/横用 M/B/横用 B

永

永国我語東今流遠
あうすなのアダポ
ABGQaefg&24?

永 永 **永 永**

▶ p.146, p.176

游勘亭流

永国我語東今流遠
あうすなのアダポ
ABGQaefg&2

▶ p.62, p.146

JKHandwriting
Light/Regular/Medium/Medium Italic/Bold/Heavy/RL Light/RL TW Light

a

Typing & Design
123,456,789.0 !?&

Gg	Gg	Gg	*Gg*
Gg	**Gg**	Gg	Gg

▶ p.176

ヒラギノフォント

明朝体

明朝体

ヒラギノ明朝 W2/W3/W4/W5/W6/W7/W8

永

永国我語東今流遠
あうすなのアダポ
ABGQaefg&24?

永 永 永 永 永 永 永

▶ p.134, p.169

游築五号仮名 W2/W3/W4/W5/W6/W7/W8

あ

永国我語東今流遠
あうすなのアダポ
ABGQaefg&24?

あ あ あ あ あ あ あ

游築36ポ仮名 W2/W3/W4/W5/W6/W7/W8

あ

永国我語東今流遠
あうすなのアダポ
ABGQaefg&24?

あ あ あ あ あ あ あ

ヒラギノ明朝体横組用仮名 W3/W4/W5/W6

あ

永国我語東今流遠
あうすなのアダポ
ABGQaefg&24?

あ あ あ あ

築地体初号仮名

あ

永国我語東今流遠
あうすなのアダポ

あ

築地体三十五ポイント仮名

あ

永国我語東今流遠
あうすなのアダポ

あ

築地体一号太仮名

あ

永国我語東今流遠
あうすなのアダポ

あ

築地体三号細仮名

あ

永国我語東今流遠
あうすなのアダポ

あ

▶ p.101

築地体三号太仮名

あ

永国我語東今流遠
あうすなのアダポ

あ

江川活版三号行書仮名

あ

永国我語東今流遠
あうすなのアダポ

あ

▶ p.101, p.143

築地体前期五号仮名

あ

永国我語東今流遠
あうすなのアダポ

あ

▶ p.97

築地体後期五号仮名

あ

永国我語東今流遠
あうすなのアダポ

あ

明朝体

築地活文舎五号仮名

あ

永国我語東今流遠
あうすなのアダポ

ゴシック体

ヒラギノ角ゴ W0/W1/W2/W3/W4/W5/W6/W7/W8/W9

永

永国我語東今流遠
あうすなのアダポ
ABGQaefg&24?

▶ p.122, p.154, p.157, p.169, p.185

ヒラギノ角ゴAD仮名 W1/W2/W3/W4/W5/W6/W7/W8/W9

あ

永国我語東今流遠
あうすなのアダポ
ABGQaefg&24?

ヒラギノ角ゴパッケージ用仮名 W2/W3/W4/W5/W6

あ

永国我語東今流遠
あうすなのアダポ
ABGQaefg&24?

こぶりなゴシック W1/W3/W6/W9

永

永国我語東今流遠
あうすなのアダポ
ABGQaefg&24?

▶ p.116, p.132, p.165

ヒラギノ角ゴ オールド W6/W7/W8/W9

永

永国我語東今流遠
あうすなのアダポ
ABGQaefg&24

▶ p.72, p.103

丸ゴシック体

ヒラギノ丸ゴ W2/W3/W4/W5/W6/W8

永

永国我語東今流遠
あうすなのアダポ
ABGQaefg&24?

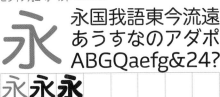

▶ p.33, p.169

ヒラギノ丸ゴ オールド W4/W6/W8

永

永国我語東今流遠
あうすなのアダポ
ABGQaefg&24?

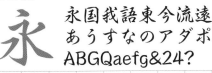

▶ p.36

筆書体

ヒラギノ行書 W4/W8

永

永国我語東今流遠
あうすなのアダポ
ABGQaefg&24?

▶ p.53, p.143

UD書体

ヒラギノUD明朝 W4/W6

永

永国我語東今流遠
あうすなのアダポ
ABGQaefg&24?

▶ p.131, p.179

ヒラギノUD角ゴ W3/W4/W5/W6

永

永国我語東今流遠
あうすなのアダポ
ABGQaefg&24?

▶ p.136, p.180

ヒラギノUD角ゴF W3/W4/W5/W6

永

永国我語東今流遠
あうすなのアダポ
ABGQaefg&24?

▶ p.180

ヒラギノ UD 丸ゴ W3/W4/W5/W6

永

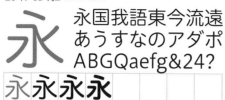

永 永 永 永

▶ p.115, p.180

ヒラギノ角ゴ 繁体中文 W3/W6 (冬青黑體繁體中文)

讀

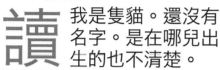

讀 **讀**

▶ p.185

ヒラギノ角ゴ 簡体中文 W0/W1/W2/W3/W4/W5/W6 (冬青黑体简体中文)

读

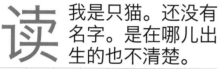

读 读 读 读 **读 读 读**

▶ p.185

昭和書体

筆書体

デザイン書体

昭和楷書

永国我語東今流遠
あうすなのアダポ
ABGQaefg&24?

▶ p.65, p.142

闘龍

永国我語東今流遠
あうすなのアダポ
ABGQaefg&24?

▶ p.56, p.148

黒龍

永国我語東今流遠
あうすなのアダポ
ABGQaefg&24?

▶ p.68, p.148

銀龍

永国我語東今流遠
あうすなのアダポ
A3GQaefg&24?

▶ p.56, p.148

陽炎

永国我語東今流遠
あうすなのアダポ
ABGQaefg&24?

▶ p.148

AR Ming B/H (文鼎粗明／文鼎特明)

讀

我是隻貓。還沒有
名字。是在哪兒出
生的也不清楚。

讀讀

AR UDShuyuanhei (文鼎 UD 書苑黑体)

讀

我是隻貓。還沒有
名字。是在哪兒出
生的也不清楚。

讀

AR Hei B/H (文鼎粗黑／文鼎特黑)

讀

我是隻貓。還沒有
名字。是在哪兒出
生的也不清楚。

讀讀

AR Biaosong / AR Dabiaosong (文鼎小標宋／文鼎大標宋)

读

我是只猫。还没有
名字。是在哪儿出
生的也不清楚。

读读

AR Crystalhei (文鼎晶相中粗黑)

读

我是只猫。还没有
名字。是在哪儿出
生的也不清楚。

读

AR UDJingxihei (文鼎 UD 晶熙中粗黑)

读

我是只猫。还没有
名字。是在哪儿出
生的也不清楚。

读

AR Newhei (文鼎新特粗黑)

读

我是只猫。还没有
名字。是在哪儿出
生的也不清楚。

读

SD Myungjo Light/Bold

독

나는 고양이로소이
다 . 이름은 아직 없
다 .

독독

SD Gothic Neo1 Light/Medium/ExtraBold

독

나는 고양이로소이
다 . 이름은 아직 없
다 .

독독독

RS Skolar PE
Regular/Semibold/Bold

THE HISTORIES of
Typography & Design
123,456,789.0 !?&@

Gg15 **Gg15** **Gg15**

▶ p.133, p.161, p.185

RS Skolar Devanagari
Regular/Semibold/Bold

अ

विश्व की लिखाई एवं भाषाएं

| विश्व | **विश्व** | **विश्व** |

▶ p.185

RS Skolar Gujarati
Regular/Semibold/Bold

અ

વિશ્વનું લેખન અને ભાષાઓ

| વિશ્વનું | **વિશ્વનું** | **વિશ્વનું** |

▶ p.185

RS Nassim Latin
Regular/Semibold/Bold

a

THE HISTORIES of
Typography & Design
123,456,789.0 !?&@

| Gg15 | **Gg15** | **Gg15** |

▶ p.110, p.161

RS Nassim Arabic
Regular/Semibold/Bold

ش

كتابات ولغات العالم

| ولغات | **ولغات** | **ولغات** |

RS Arek Latin
Regular/Semibold/Bold

a

THE HISTORIES of
Typography & Design
123,456,789.0 !?&@

| Gg15 | **Gg15** | **Gg15** |

▶ p.161

RS Arek Armenian
Regular/Semibold/Bold

Ջ

Գրության ձևերը և լեզուները աշխարհում

| Gg15 | **Gg15** | **Gg15** |

DB BangPood
Regular/Regular Italic/Bold/Bold Italic

ญ

การเขียนและภาษาในโลก

| ญี่ปุ่น | *ญี่ปุ่น* |
| **ญี่ปุ่น** | **ญี่ปุ่น** |

DB Komol
Regular/Regular Italic/DemiBold/DemiBold Italic/Bold/Bold Italic

ญ

การเขียนและภาษาในโลก

| ญี่ปุ่น | *ญี่ปุ่น* | **ญี่ปุ่น** |
| ญี่ปุ่น | *ญี่ปุ่น* | **ญี่ปุ่น** |

DB Manoptica New
Regular/Regular Italic/Medium/Medium Italic/Bold/Bold Italic

ญ

การเขียนและภาษาในโลก

| ญี่ปุ่น | *ญี่ปุ่น* | **ญี่ปุ่น** |
| ญี่ปุ่น | *ญี่ปุ่น* | **ญี่ปุ่น** |

DB Manoptica New Condensed
Regular/Regular Italic/Medium/Medium Italic/Bold/Bold Italic

ญ

การเขียนและภาษาในโลก

| ญี่ปุ่น | *ญี่ปุ่น* | **ญี่ปุ่น** |
| ญี่ปุ่น | *ญี่ปุ่น* | **ญี่ปุ่น** |

DB Manoptica New Extended
Regular/Regular Italic/Medium/Medium Italic/Bold/Bold Italic

ญ

การเขียนและภาษาในโลก

| ญี่ปุ่น | *ญี่ปุ่น* | **ญี่ปุ่น** |
| ญี่ปุ่น | *ญี่ปุ่น* | **ญี่ปุ่น** |

DB Manothai
Thin/Thin Italic/Regular/Regular Italic/Medium/Medium Italic/DemiBold/DemiBold Italic/Bold/Bold Italic

ญ

การเขียนและภาษาในโลก

| ญี่ปุ่น | *ญี่ปุ่น* | ญี่ปุ่น | *ญี่ปุ่น* | ญี่ปุ่น |
| *ญี่ปุ่น* | *ญี่ปุ่น* | **ญี่ปุ่น** | **ญี่ปุ่น** | **ญี่ปุ่น** |

DB Narai
Regular/Regular Italic/Bold/Bold Italic

ญ

การเขียนและภาษาในโลก

| ญี่ปุ่น | *ญี่ปุ่น* |
| **ญี่ปุ่น** | **ญี่ปุ่น** |

CD EQ
Regular/Regular Italic/Medium/Medium Italic/Bold/Bold Italic

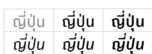

การเขียนและภาษาในโลก

| ญี่ปุ่น | *ญี่ปุ่น* | **ญี่ปุ่น** |
| ญี่ปุ่น | *ญี่ปุ่น* | **ญี่ปุ่น** |

CD Pracharath
Regular/Regular Italic/Medium/Medium Italic/Bold/Bold Italic

การเขียนและภาษาในโลก

ญี่ปุ่น	ญี่ปุ่น	ญี่ปุ่น
ญี่ปุ่น	ญี่ปุ่น	ญี่ปุ่น

KT SarabunMai
Regular/Regular Italic/Bold/Bold Ialic/ExtraBold/ExtraBold Italic

การเขียนและภาษาในโลก

ญี่ปุ่น	ญี่ปุ่น	ญี่ปุ่น
ญี่ปุ่น	ญี่ปุ่น	ญี่ปุ่น

フォント活用 Tips

フォントを選ぶときに知っておくと
便利な知識のほか、 アプリケーションで
フォントを使用するときにデザインの幅が
広がる Tips を紹介します。

Tips 一覧

- 文字セットと収録文字数
- フォントメニュー名の見方
- OpenType 機能を使った字形の切り替え
- 文字詰めの設定について
- モリサワフォント製品・サービス

文字セットと収録文字数

モリサワでは定められた規格に基づいてフォントを開発しています。

文字セットには JIS 規格など公的規格として決められているものと、 アドビ株式会社やモリサワなど特定の企業や団体が決めているものがあります。 文字セットによって、 定められた文字種と文字数が異なります。

▶ モリサワ・タイプバンク書体の文字セット

Adobe-Japan1

アドビ株式会社が日本語フォント製品用に規定した文字セットのシリーズ。 日本で使われるフォントの多くがこの規格に準じて文字セットを定めており、 業界標準となっています。

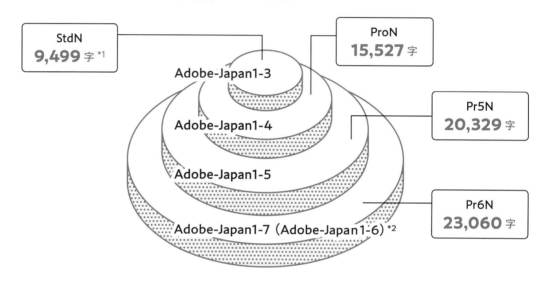

*1 かな書体を含みます。
*2 Adobe-Japna1-7 には Adobe-Japan1-6 で規定された文字に加えて令和合字 2 文字が収録されています。
※ ヒラギノフォント、 昭和書体は異なります。
※ Pr6N のように 「N」 のつく文字セットは JIS2004 字形に対応した OpenType フォントの目印です。 この文字セットのフォントをモリサワでは 「N フォント」 と呼びます。
※ Adobe-Japan1 規格を採用した AP 版の N フォントは、 令和合字を収録しています。 詳しくは https://www.morisawa.co.jp/support/faq/4680 をご確認ください。
※掲載している内容は 2023 年 1 月時点のものです。

▶ モリサワ独自の文字セット

ミニ 2 セット

Adobe-Japan1 に準拠するサブセットを採用したモリサワ独自の文字セットです。

JIS 第一水準漢字、 常用漢字、 人名用漢字といった広く利用される文字集合をカバーするだけでなく、 使用頻度の高い文字を追加で選定・収録しています。 製品パッケージなどの見出し用途で特に使いやすい文字セットとなっています。 ミニ 2 セットは従来のミニセットに収録されている全ての文字を収録しており、 上位互換性があります。

ミニ 2 セット（Min2）	ミニセット（Min）
4,833 字	3,839 字

フォントメニュー名の見方

アプリケーション上でフォントを選択する際などに表示される「フォントメニュー名」から、そのフォントのファミリー名をはじめとした情報・仕様を読み取ることができます。

※上記はあくまで一例であり、実際の表記はメーカー・フォントごとに異なります。

▶ メーカー等区別用アルファベット

メーカー・フォントファイル形式・準拠している規格を表すアルファベットです。 メーカーやフォントによりその表記の有無・内容についてはさまざまです。

モリサワブランドのフォント

A P-OTF / A-OTF
モリサワ OpenType フォント

モリサワの一般的な OpenType フォントです。 A P-OTF で始まる AP 版フォントは、和文・欧文のペアカーニングと最新の IVS に対応したフォントで、より美しい組版を実現します。和文以外のフォントには、 一部を除いて区別用のアルファベットが付きません。

G-OTF
学参フォント

常用漢字・かなについて、 文部科学省の 「学習指導要領」 にある 「代表的な字形」 に準拠したフォント

U-OTF
U-PRESS フォント

社団法人共同通信社が全国の新聞社などに国内外の記事を配信するために定めた独自の文字コードに準拠したフォント

MO / MP
一部の多言語や記号類などのフォント

例) MO Rubberblade
MP CDEQ TH　　　など

タイプバンクブランドのフォント

TB　Ro　RA

昭和書体のフォント

A_KSO

OpenType 機能を使った字形の切り替え

OpenType フォントは本格的な組版のための機能を数多くそなえています。 このページでは、 OpenType 機能のうち主要な字形切り替え機能を紹介します。 搭載されている OpenType 機能はフォントによって異なります。 ここでは各機能を Adobe Illustrator や Adobe InDesign での呼称でご紹介しますが、 アプリケーションによっては同じ機能を別の名称で表す場合もあります。

欧文合字 / 任意の合字

特定の文字列をひとつの字形（合字）に切り替える機能です。 「欧文合字」 は主にスペーシングの調整やグリフ同士の衝突回避のための合字を、 「任意の合字」 は欧文合字に含まれない装飾性の高い合字を呼び出します。 「欧文合字」 のみデフォルトで有効です。

Role Serif Text Pro
office ▸ office

Rocio Pro
start ▸ start

スモールキャップス / すべてスモールキャップス

アルファベットの大文字や小文字をスモールキャップスに切り替える機能です。 スモールキャップスは大文字をおよそ小文字の高さに揃えてデザインした字形です。

Role Serif Text Pro
Fonts ▸ FONTS

上付き序数表記

文字を、 序数を表すのに適した字形に切り替える機能です。 スペイン語やイタリア語などで、 数字を使って序数を表記する際に用います。

Role Serif Text Pro
1a 2o ▸ 1^a 2°

等幅ライニング数字 / プロポーショナルオールドスタイル数字

数字を別の字形に切り替える機能です。 Role Serif Text Pro では、 「等幅ライニング数字」 は数字同士の字幅の等しい字形を、 「プロポーショナルオールドスタイル数字」 はアルファベットの小文字に合わせた高さの字形を呼び出します。

Role Serif Text Pro
0123456789
▼
0123456789

0123456789
▼
0123456789

スラッシュを用いた分数

数字でスラッシュを挟んだ文字列を、 分子と分母の間にスラッシュを挟むスタイルの分数表記に切り替える機能です。

Role Serif Text Pro
7/10 ▸ $\frac{7}{10}$

スラッシュ付きゼロ

数字の 「0」 （ゼロ） をスラッシュ付きの字形に切り替える機能です。 大文字の 「O」 （オー） のような類似した文字と明確に区別するために用います。

Role Serif Text Pro
O0 ▸ O0

前後関係に依存する字形

語頭・語尾といった文中での位置や隣り合った文字に応じて、 適切な字形を呼び出す機能です。 この機能はデフォルトで有効です。

Abelha Pro
address ▸ address

スワッシュ字形

特定の文字をスワッシュ字形に切り替える機能です。 スワッシュ字形は、 デフォルトの字形に比べてより華やかで装飾的な字形です。

Pietro Display Pro

Music ▶ *Music*

スタイルセット

特定の文字や文字列をフォントごとに設定された代替字形のグループに切り替える機能です。 20パターンまで設定でき、その機能はフォントごとにさまざまです。

Vonk Pro

agree ▶ agree

OpenType 機能による字形切り替えを活用した和文フォント

モリサワはいくつかの和文フォントで、 一般的な和文フォントが共通して持つ機能以外の OpenType 機能を活用し、 新たな表現を試みています。「みちくさ」 や 「澄月」 では文字を続け書きしたように見せる連綿体や、 特殊な合字、 ひらがなの異体字である変体仮名などを呼び出すことができます。

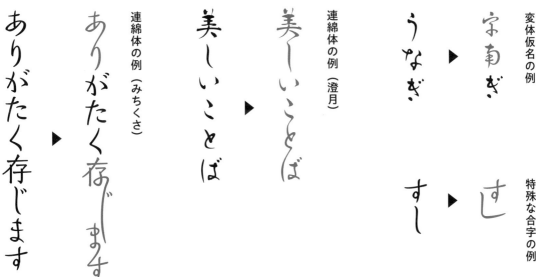

連綿体の例 （みちくさ）
ありがたく存じます ▶ ありがたく存じます

連綿体の例 （澄月）
美しいことば ▶ 美しいことば

変体仮名の例
うなぎ ▶ 宇南ぎ

特殊な合字の例
すし ▶ すし

OpenType 機能を使った字形の切り替え方

Adobe Illustrator の場合

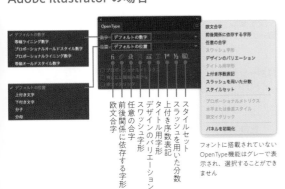

スタイルセット
スラッシュを用いた分数
上付き序数表記
タイトル用字形
デザインのバリエーション
スワッシュ字形
任意の合字
前後関係に依存する字形
欧文合字

フォントに搭載されていないOpenType機能はグレーで表示され、 選択することができません

Adobe InDesign の場合

フォントに搭載されていない OpenType機能は角括弧 [ ]内に表示されます

文字詰めの設定について

OpenType フォント機能を活用できるアプリケーションでは、 目的に応じてさまざまな文字詰めを設定することができます。

▶ ベタ組みと詰め組み

ベタ組み

文字の仮想ボディを密着させ、 字間を詰めず・空けずに文字を組む方法です。 複数行にわたる本文組などの場面で可読性を発揮します。

詰め組み

文字の字面やデザインに合わせて字間を詰めて文字を組む方法です。 視覚的に字間が調整されることにより、 タイトルなどの場面で見栄えや可読性の向上を図ることができます。

ベタ組み	朝日のごとくさわやかに ——— 仮想ボディ
詰め組み	朝日のごとくさわやかに

▶ 文字詰め設定方法

文字詰めの設定方法について Adobe InDesign と Adobe Illustrator では主に 「文字パネル」 で設定することができます。

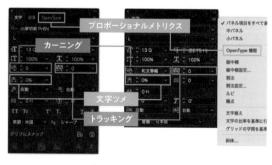

Illustrator の文字パネル　　InDesign の文字パネル

プロポーショナルメトリクス
カーニング
文字ツメ
トラッキング

※ InDesign は右上のメニューボタンから↑のサブメニューを出し、「OpenType 機能」 からプロポーショナルメトリクスを選択します。

▶ プロポーショナルメトリクス

フォント内部に搭載された主に１文字単位の詰め情報を元に自動で文字詰めを行う設定です。
かなや漢字、 約物など全角幅の文字について、 フォントメーカーがその書体・文字に合わせて設定した任意の詰め（字幅）を実現することができます。
基本的にカーニング設定 「メトリクス」 と併用します。

設定なし（カーニング 0）	Typography WAVE タイポグラフィーウェーブ
プロポーショナルメトリクス	Typography WAVE タイポグラフィーウェーブ
比較	Typography WAVE タイポグラフィーウェーブウェーブ

▶ カーニング

メトリクス

フォント内部に搭載された詰め情報を元に自動で文字詰めを行う設定です。
「プロポーショナルメトリクス」と同様1文字単位の詰めに加えて、特定の文字の組み合わせ（ペア）に設定された詰め情報「ペアカーニング値」を元に文字詰めを行います。
基本的に「プロポーショナルメトリクス」と併用します。

設定なし（カーニング0）	Typography WAVE タイポグラフィーウェーブ
メトリクス	Typography WAVE タイポグラフィーウェーブ
比較	Typography WAVE タイポグラフィーウェーブ

和文等幅

和文をベタ組み（字間0）、欧文をメトリクスで組む設定です。
Adobe InDesign ではデフォルトで設定されています。

オプティカル

アプリケーションが字形を判断し自動で文字詰めを行う設定です。

設定なし（カーニング0）	Typography WAVE タイポグラフィーウェーブ
和文等幅	Typography WAVE タイポグラフィーウェーブ
比較	Typography WAVE タイポグラフィーウェーブ

▶ その他の文字詰め機能

トラッキング

文字列に対して、一律の数値でまとめて文字詰めを行う機能です。

文字ツメ

文字の両脇の余白（サイドベアリング）を削って文字詰めを行う機能です。
あくまで文字以外の余白部分を削るため、「文字ツメ」設定を100%にした場合も文字が重なることはありません。

カーニング（数値指定）

指定した字間について任意の数値を設定することで、手動で文字詰めを行う機能です。プロポーショナルメトリクスをオンの状態で設定する必要があります。※オフの場合、意図しない挙動をする場合があります。

▶ ケース別おすすめ設定

ベタ組みをしたい場合	和文等幅
詰め組みをしたい場合	プロポーショナルメトリクス＋メトリクス

モリサワフォント製品・サービス

ライセンス製品
- Morisawa Fonts
- MORISAWA PASSPORT
- MORISAWA PASSPORT アカデミック版
- MORISAWA PASSPORT for iPad

パッケージ製品
- MORISAWA Font 基本 7 書体パック
- MORISAWA Font Select Pack 1/3/5/PLUS

Web フォントサービス
- TypeSquare

サーバー用製品
- サーバーアプリケーション用フォントライセンス

組込みフォント
デバイスやソフトウェアへの組込みについてはご相談ください。

▶ Morisawa Fonts 使用許諾

Morisawa Fonts はモリサワグループのフォントおよび他社フォントを有償・無償問わず様々な用途にお使いいただけます。

○			✕	
出版印刷	文字の変形・加工	サイン・看板	動的テキスト *4	ゲーム・アプリ（含）*5
電子カタログ	電子出版 *1	販促グッズ	*1 PDF 埋め込みまたは文字が画像化されたものに限ります。EPUB にフォントを直接埋め込むことはできません。	
デジタルサイネージ	ゲーム・アプリ（画像）*2	Web（画像）*2	*2 静的テキストは問題ありませんが、画像であっても動的に、つまりフォントの代替として機能する仕組みは許諾の範囲外です。	
文字の再編成 *3	印章・表札	商業印刷	*3 文字の部分部分を組み合わせて、オリジナルの文字を作成することをいいます。 *4 動的テキスト、つまりフォントの代替として機能する仕組みは許諾の範囲外です。別途ご相談ください。	
パッケージ	映像・動画（TV・映画など）	ロゴ（商標登録なし／あり）*6	*5 組込みフォント製品でご利用いただけますので、別途ご相談ください。 *6 提供書体を利用した制作物（ロゴ等）について、Morisawa Fonts フリープランでの商標登録はできません。	
加工してロゴ化（商標登録なし／あり）*6				

※ Morisawa Fonts 以外の製品の使用許諾については https://www.morisawa.co.jp/products/fonts/permission/ をご確認ください。

書体名索引

237

表現・特徴で見つけるフォントBOOK
モリサワ総合書体見本帳 2022−2023

2023年2月9日　　初版第1刷発行

編著	株式会社モリサワ
発行者	角竹輝紀
発行所	株式会社マイナビ出版
	〒101-0003 東京都千代田区一ツ橋2-6-3 一ツ橋ビル2F
	Tel：0480-38-6872（注文専用ダイヤル）
	Tel：03-3556-2731（販売部）
	E-MAIL：book_mook@mynavi.jp（編集部）
	URL：https://book.mynavi.jp

装幀	佐々木俊（AYOND）
本文デザイン	山﨑恵（アート・サプライ）／島﨑肇則
編集	松田政紀（アート・サプライ）／島﨑肇則
本文DTP	山﨑恵（アート・サプライ）／島﨑肇則
企画・制作協力	マツダオフィス／小林功二（LampLighters Label）／伊達千代（TART DESIGN OFFICE）／川俣綾加
印刷製本	株式会社大丸グラフィックス